U0032851

可以跌倒 但不能被打倒

粉紅人妻 CPU 的噗哈哈人生

CPU（周品妤）著

連我都可以做得到，
你一定也行

哇噻！就醬過了 38 年既烏龍又無厘頭的日子到了今天，竟然有幸能出書，成為一個作家了耶我哈哈哈（推眼鏡）！！！

是說其實這本既不是夫妻經營的兩性書，也不是實用的育兒教養書，更不是什麼分享創業訣竅的商業書，就只是我叨叨絮絮的把以前從沒公開提過的成長背景、跟 Wii 認識相處的片段、當媽之後的心情轉折，和有了喜舖這些年來的心路歷程寫出來整理成冊而已，每次想到醬也可以出書就讓我覺得很害羞。（所以看完這頁就可以不用再翻下去了！）（逃）

我不是含著金湯匙銀湯匙出生的天之驕女，從一個很自卑沒自信的醜小鴨到現在過著不完美但還滿快樂的生活，雖然還是常常很需要給自己勇氣和鼓勵，但我一直都有很努力，努力的成就一些、放棄一些，努力成為自己想要的樣子。

雖然小時候沒有認真念書，長大也沒有認真賺錢（噗），但一直有在很認真的過生活，認真吃喝、認真玩樂、認真去想去的地方、認真做自己喜歡的事、認真把每個當下的日子過好，不想等自己老了以後才在說那種「哎喲當初要是怎樣怎樣就會怎樣怎樣」（啊到底怎樣嘛噗？！）之類的話，不幫自己找藉口、不讓自己有遺憾。

　　如果真的能因為我的分享而鼓勵到一些人，那這本書對我來說就真的很有意義。

　　連我這樣的烏龍人都能做得到，你一定也可以。

我心中最粉紅，
而且熱力四射的 CPU

　　我想，與 CPU 的相遇算是我人生排名前三名的神奇！在她還在經營奇摩部落格的時候，我就是她的粉絲。我當時覺得怎麼會有人這麼喜歡粉紅色，喜歡到花時間把家裡的書桌跟椅子都漆成粉紅色。（整組！而且相當「厚工」耶！）因為這樣，我深深覺得她一定是個相當有毅力的人。（哈哈哈，我乾脆去算命好了。）在拜讀完她所有文章之後，我徹底喜歡上這個喜歡粉紅色、用詞相當幽默、整個人周圍就是被溫馨泡泡包滿的 CPU。

　　某天，我在通化街逛著夜市，完全不顧自己還在吸著麵條的性感嘴唇，對著偶遇的 CPU 大喊：「妳！妳！就是妳！妳是那個粉紅人妻！！」我的臉瞬間漲紅，然後跟她說：「我們可以交個朋友嗎？」頓時周圍安靜無聲，每個人都盯著我們倆！我當時心跳加速，活生生就像個小粉絲一般！！還好，她用很天的口氣說：「妳是六月耶！好啊好啊！」（對！我當下完全忘記我藝人的身分 XD）

然後～就開始了我們多年的友誼。

　　一開始 CPU 只是跑單幫，會從國外訂很繽紛的小東西在網路上販售。但她大概天生就是做生意的料，做著做著居然就變成 MIT 媽媽包的龍頭，還外銷到法國日本去了！根本就是臺灣媽媽之光了。（好啦，我浮誇了。）但創業真的不是你我想像中的那麼簡單，創業路上的石頭真是多到搬不完啊！永遠都會有你意想不到的新鮮事出現。

　　生意不好的時候要應付每天現金的調度，生意一旦好了，就開始有人拷貝並販售，甚至有人會用黑函攻擊。天啊！她不是個老闆嗎？怎麼會過著藝人的人生？？而且傷害你的通常都是很親近的朋友們。CPU 也從小小的一顆心臟訓練到現在刀槍不入了，這就是我欣賞她的地方。創業之路的苦不是沒有，但她總是可以在受傷過後馬上爬起，然後繼續過著她當老闆的日常。生活不就是不管你在我背上插了多少箭，我依舊可以優雅轉身拔箭，然後繼續微笑生活嗎？

　　加油，我的朋友～～妳永遠是我心中最粉紅，而且熱力四射的CPU ！

本文作者為金鐘影后、知名藝人、暢銷作家

六月

我那噗哈哈的好友 CPU

　　我的部落格分類裡，專門為 CPU 設了一個噗哈哈爆笑鄰居系列，這分類裡只寫著她的故事，因為她經典的噗哈哈事蹟實在太多。本以為她的首本人生故事會出自我的手！畢竟我連她結婚生子全都鉅細靡遺的幫她記錄了。好在這次她自己動手（呼），我只要負責寫序就好。寫書很不簡單，對一個永遠都在奔波，連睡覺都擠不出時間的女企業家來說更難。但她總是精神抖擻、說到做到，不管生書、生兒、生女、生喜舖……什麼都咕嚕一聲就蹦出來、什麼都能心想事成的理所當然。

　　但我一點也不會忌妒她，因為這一路看著她，不管是親情、友情、愛情、教養或事業經營……她真的非常非常用心，非常非常努力，她值得擁有這一切。

　　十多年前，因為我寫了一篇自爆在路邊肚子痛，挨家挨戶敲門找廁所拉肚子的文章而愛上我的 CPU（看她口味有多特別，證明什麼人吸引什麼對象），積極透過各種管道來到我的身邊（當你真心想追一個

人，肯定要得到她的聯絡方式）。當時她還在澳洲念書，我們當了遠距離網友一陣子。真正形影不離是十年前，一黏就愛了十年（我們的共通語言就是哈哈哈哈哈哈），甚至為了更長時間黏在一起，連家都處心積慮搬到同社區。這十年來，我們曾經窮得只剩下愛（2008 年大家錢都不多，於是發展了共食、共車的生活方式），現在大家忙得只剩下 line（飛得比空姐班表還勤），但只要她一有空，隨時都會呼叫我們：「在哪？」找出一個中間點牛郎織女般的碰上一面。相聚的每一刻都充滿我們噗哈哈的笑聲，用笑聲充飽電後，再繼續回到自己的軌道上奔跑。

大家以為 CPU 是一路向上的人生勝利組，生下來就是美人胚子（這點倒是真的）。其實她只是習慣報喜不報憂，當她找我們訴苦的時候，已早早消化好自己的情緒，不給我們太多負擔。她也曾面臨世界崩解又重建，被迫改變各種關係（友情、愛情），開始一個不熟悉的新工作（生涯轉換跑道），過著不太適應的新生活。對很多人來說，這樣的變動非常高壓力，但她就靠著很能消化苦難的樂觀心智和抱持開放心態的豁達信念，可以很幸運又快速的，像顆糖一樣，給自己的人生帶來化學變化。

只要一碰壁，她會先從書裡找答案，不只看一本，是看同系列數十本，再找我討論她的想法，然後我們一起想辦法解決問題。她是個很願意檢討自己、承認錯，也很願意行動、很願意改變的人，所以我非常欣賞她，有這樣的朋友很讓人驕傲。

　　十年前，我們從沒想過十年後的我們會變成什麼樣的角色？成為什麼樣的自己？過著什麼樣的生活？扛著什麼樣的責任？十年後回過頭來看，人生很多事情根本無從做好準備，有時一個好玩的想法（以為批批貨來賣就好）就不小心滾出一個大雪球（把喜舖搞這麼大，搞到出國比賽），走著走著已經回不去（那麼多員工要養），也只能硬著頭皮繼續往前衝，邊走邊想辦法，邊走邊找答案。

　　幸運的人不是命好，而是個性好（還要有腦）。

　　就像 Oh!Mikey（google 就找得到）裡每個小短篇的結尾一樣，我們一起有笑有愛，人生還有什麼好過不去的？開心翻著這本粉紅人妻的噗哈哈哈人生，跟著 CPU 一起噗哈哈哈哈哈，哈哈哈哈哈哈哈哈……的過每一天吧！

本文作者為暢銷作家、資深諮商心理師、知名部落客、
門·療育空間創辦人
貴婦奈奈

用努力、堅持，和勇氣灌溉的創業魂

算一算和 CPU 認識的時間，足夠從零開始把一個虎虎養到上高中，在這段有點長又不算太長的時間裡，CPU 的角色轉變驚人。從一個少女，進階到人妻、進展到人母，一路成長到最後，成為了指標性的女性創業家。她自己儼然就是一個從零長到高中的孩子，甚至因為太優異的成績而跳級直升到大學部（笑），我想這大概是她人生中最快轉的階段，什麼身分都塞在這有點長又不太長的時間經歷了。

身為她身邊的親密友人，同時也是早期創辦人之一，在創業這條路上，我應該比別人更看得見，喜舖和她現在的成就，是經歷了多少努力、堅持，和勇氣灌溉下才長成的。

說起她的創業魂，可以說是無所不在，當初只憑著一股傻勁，從十萬塊錢開始，拉著老公到處從國外批貨。甚至我們八個好朋友一起到東京旅行，她也不忘帶兩咖空箱子，在大夥一頭熱為自己治裝瞎拼之際，她已經看準商機，帶著大包小包的舶來品，回臺推薦給網友們。

就是這樣一路為自己的品味做出好口碑，更是貫徹到有了虎虎而開始的喜舖。記得喜舖剛開始的時候，我們兩個有事沒事就會跑到後火車站和永樂市場一帶，為開發產品找材料、想點子，當時我們家的書房就是喜舖倉庫，工作時間不分早晚，有時候到了晚上十一點還在理貨包貨。

喜舖到了今天，CPU 依舊過著衝衝衝的生活，可能今天我們才碰面，明天她就在法國，然後又瞬間移動到香港，隔天出現在東京，然後又衝回來朋友間的聚餐。能把工作與生活中每一個角色轉換得如魚得水，不需要做出二擇一的抉擇，我周遭也只有 CPU 了吧！也大概是這樣不知停歇的衝衝衝精神，才能衝出現在這樣一個她夢想中的粉紅色王國。

下一次她又會衝出什麼樣的驚喜人生，值得期待！

本文作者為 BiBi Q 創辦人、知名部落客

人字拖小姐

包包界的大衛魔術師，
化不可能為日常

「哈哈哈哈哈哈」

「哈哈哈哈哈哈哈哈哈」

「哈哈哈哈哈哈哈哈哈哈哈哈」

「哈哈哈哈哈哈哈哈哈哈哈哈哈哈」

「哈哈哈哈哈哈哈哈哈哈哈哈哈哈哈哈」

「哈哈哈哈哈哈哈哈哈哈哈哈哈哈哈哈哈哈」

　　不知情的人應該會覺得我倆是傻蛋（事實是也沒很聰明啦！）這是我跟 CPU 的訊息對話框裡最常出現的字，不是 Copy 貼上，而是每個字都真心誠意打出來的。第一次跟她聊天，我才發現自己遇到敵手，沒想到世界的角落還有另一個人可以跟我一樣，講沒兩句話就打一連串的「哈哈哈哈哈哈哈」，也不知道是語助詞還是真心想笑（其實是詞窮），如果把我們倆的聊天內容公諸於世，應該會變成一本《哈哈笑全集》。

　　認識 CPU 的過程也是一個很「哈哈哈阿呆」的過程。幾年前的某個

夏天，逛百貨公司時有個背著孩子的太太一直盯著我看，後來在某一層樓又遇到了，結果她過來跟我說：「嗨！凱莉哥，我想要是再次相遇，就跟妳相認。」當時我一頭霧水，這半途殺出來的太太是要相認什麼？不過也因為這樣，開啟了我們的「哈哈哈友誼」。

那時也是喜舖正在起步時，記得她小小的辦公室連坐下來喝杯咖啡的位置都沒有，加上她講話老是「噗哈哈哈哈」，我真不知道她的身體裡怎麼有這麼多的正能量跟爆發力（簡直就是包包界的張惠妹）。不到兩年，喜舖就換到了獨棟辦公室，終於可以在她的辦公室坐下來喝咖啡，怎知去了沒幾次，又換到了百坪景觀辦公室，公司裡面還內建粉紅色溜滑梯，要說她是包包界的大衛魔術師也不違和，簡直是化不可能為日常。

創業真的是一條不歸路，一旦踏上了只能繼續大步往前走。看著喜舖在國際發光發熱，這絕對不是偶然也不是僥倖，她永遠是這麼的努力。我們在喝咖啡休息的時間，她拿著手機忙著確定下一季的新款、定價，跟行銷策略；在我們睡覺的時候，她努力的看著經營書籍，希望可以更充實自己。我曾經看過一個報導，報導裡提出：「所有成功人士在搭乘飛機時，都在回 email 或是閱讀讓自己更進步的書籍。」（立馬把我前面螢幕的電影關掉）CPU 就是一個這樣的人，在她的日子裡，只有陪著孩子的時候是放鬆的，即使

隔天要搭一早的飛機，也都會想辦法盡量陪伴孩子。其餘時間她把自己拉得很緊，希望能用更多閒暇時間處理更多的事情，媽媽與老闆的身分真的是兩頭燒，但是她永遠有熱情、有很多的正能量可以搞定這麼多的事情，而且還不會生氣，高 EQ 真的很值得學習。

CPU 一直非常努力，部落客的路很辛苦、創業的路不只辛苦，還布滿了石頭（簡直就是天堂路），沒日沒夜的日常。她這一路走來，比很多人更加的努力、用心，每次見面她總是會多方詢問自家產品的意見，希望可以吸取更多使用者建議，將喜舖包做到最棒、最好用。

這幾年來，我幾乎已經無法知道她到底在什麼地方和我傳訊息，今天可能在科隆，明天就去了巴黎，也有才剛跟她見面，而晚點她就要飛泰國。她就像是顆齒輪一樣，一直運轉，沒有停歇的一刻，努力的帶領團隊走出臺灣，讓世界看見臺灣品牌的創意跟用心。

至於我們的「哈哈哈哲學」，不管是用在工作或是家庭裡，真的都非常受用，這本書聽她說了很久，終於寫出來了，那就用一種「哈哈哈哈的人生態度」好好閱讀吧！

本文作者為小小 PETIT 無毒可剝指甲油創辦人
村子裡的凱莉哥

目 錄

自　序　連我都可以做得到，你一定也行 002

推薦序　我心中最粉紅，而且熱力四射的 CPU 　　　六月 004

推薦序　我那噗哈哈的好友 CPU　貴婦奈奈 006

推薦序　用努力、堅持，和勇氣灌溉的創業魂　　　小妲 009

推薦序　包包界的大衛魔術師，化不可能為日常　　　凱莉哥 011

Part 1

熱血 CPU 養成記

1. 大家好，我是 CPU（雙手交叉背後面）018

2. 吵架「建」真情 ?! 022

3. 我的硬漢爸爸 026

4. 騎著機車打拚的媽媽 037

5. 選擇變成更好的人 042

◎ 番外篇：尬的，也太烏龍！ 047

Part 2

找到人生的暖暖包

1. 歡場有真愛 055

2. 結婚很衝其實我很務實 062

3. 多想一下多說一點 066

4. 結婚不是愛情的墳墓，小孩才是 070

5. 但怎麼可能不吵架 079

6. 關於道歉的逐字稿練習 083

7. 和我們家枕邊人的相處之道 088

◎番外篇：暖暖包本人眼中的 CPU 093

Part 3

U 虎報到！你們是我最珍貴的禮物

1. 第一個小孩照書養 099

2. 得來不易的 U 111

3. 二寶媽的真心話 124

4. 自己想要的理想型靠自己創造 133

5. 有話好好說 137

6. 根本沒有家庭與工作平衡這回事 140

◎番外篇：星座這回事 143

Part
4
走自己的路，一本初衷

1. 勉強算是創業史吧？（搔頭） 149

2. 媽媽包的開始，其實不只想當媽媽包 158

3. 除了 U 虎以外的親生小孩們 162

4. 有光明就有黑暗 166

5. 我不是生來就會做老闆 172

6. 找回哈哈哈人生，走自己的路，一本初衷 179

◎番外篇：根本全能改造王嘛我！ 186

後　記　我想說聲謝謝！ 206

Part 1

熱血 CPU 養成記

1. 大家好，我是 CPU

（雙手交叉背後面）

我的家庭

六十八年次、屬羊、射手座。

我來自於一個很簡單的家庭，
爸爸是外省人（爺爺湖南人、奶
奶福州人），媽媽是芋仔蕃薯（外
公河南人、外婆澎湖人），家裡
有一個小我六歲的弟弟，所有的
親戚都在臺北市，我有記憶以來
的每年過年都在臺北過，所以從
小就很羨慕同學可以回鄉下過年。

爺爺奶奶在抗戰時期是情報局
人員，撤退來臺灣後的老家在新店

堤防邊的眷村，據說奶奶是那種小時候沒有自己踩過地板走過路的千金大小姐。沒想到後來跟窮哈哈爺爺在一起，經歷過每天出了門就不知道能不能回得了家的諜戰日子，逃難到臺灣的時候只來得及帶了我爸，很遺憾的留下了兩個姑姑在大陸。

　　爸爸是個叛逆的兒子，爺爺對爸爸再怎麼嚴厲也壓制不了他。聽爸說，他當兵前是在江湖走跳混幫派的，當兵的時候還是傘兵的某個特別部隊，穿的是全身黑的制服、標誌是一個骷顱頭，主要訓練目標就是要反潛大陸（也太像電影情節，好刺激！）結訓的考驗是要在深山裡荒野求生三個月，不過我爸結訓完要去大陸出任務前，因為回家探望開刀的奶奶，竟然錯過了火車導致上不了船（難道這就是我的烏龍基因？！）雖然回軍隊後被軍法審判處罰，但也因此才能活著認識了我媽，把我生下來……

外公是空軍中校，撤退到澎湖的時候認識了外婆，在澎湖生下我媽，退伍後搬到臺北懷生國小旁邊的空軍眷村改行做生意。

媽媽小時候家裡的經濟狀況不錯，雖然外婆有五個小孩，但據說在當年一顆蘋果是要全家人分著吃的年代，媽媽他們竟然可以一人吃一顆，當年忠孝東路都是田地，有朋友問外公要不要買的時候，外公豪氣的說在河南老家有一整條街都是他的。而且反正沒多久就要反攻大陸（噗）幹嘛要買房買地。也太可惜了！當年要是買了，那我們現在就是東區大地主了啊！（遠目）

不過後來外公的生意失敗，導致家道中落，外婆不但得出來工作幫忙養家，媽媽和阿姨們不是半工半讀就是提早出社會，生活上也有了很大的變化。

❀ ❀ ❀

據說爸媽是在當年媽媽當公車查票小姐的時候認識的，爸常會約媽一起去爬山，媽媽說爸爸一直很癡情的纏著她（但爸爸也說是媽媽一直捨不得離開 XDDD），總之兩個人一纏就是七年，中間好幾次分分合合，因為彼此家庭都有反對的聲浪，但最後兩人還是不顧一切的結了婚（那幹嘛不乾脆早點結啦！哈！）年頭結婚，年尾生下我，接著吵吵鬧鬧的六年後又生下我弟。

　　雖然記憶裡的他們總是吵架，所以我從小就不相信什麼王子公主結婚以後過著幸福快樂的日子。但好在他們兩個人都給了我滿滿的愛，不管怎麼吵，對我的關心和陪伴都沒有少。不管原生家庭給我的影響是什麼，至少從小到大從沒學壞過，而且心中最愛的永遠是爸，最想照顧的永遠是媽。

我沒有顯赫的家世背景，也沒有什麼特別的靠山，只有我再平凡不過的家人，他們的愛，就是我最堅強的後盾。

2. 吵架「建」真情?!

　　小時候寫家庭狀況的時候，我都會寫小康，但其實我們家根本稱不上小康。不記得爸是從哪時候開始在家沒工作的，全家的經濟重擔就靠媽媽一個人做保險養我們，所以每個月都透支，這樣不斷欠債周轉的日子一過就是三十年。

　　在沉重經濟壓下的他們天天都會吵架，但最妙的是，他們明明就很相愛。

　　像是爸永遠記得媽最愛吃什麼，永遠都會煮好菜等她回來，讓媽再晚回家都有飯菜吃，而媽也超依賴爸的（畢竟她除了賺錢，什麼都不會！噗！）但每天家裡都還是會因為錢、因為各式各樣的生活瑣事吵得烏煙瘴氣。

小時候不懂，會覺得害怕，不知道是不是自己做錯了什麼，才會讓爸媽這麼生氣。但長大之後就覺得無聊，每天都吵一樣的，到底是有什麼好吵，真的不想在一起就離婚嘛，可是他們也沒有要離婚，叛逆期的時候真的覺得超煩，但他們對我們的愛又沒有少。但縱使能感受到爸對我們無微不至的照顧，跟媽刀子嘴豆腐心的愛，當下就是很不能接受。

也許是因為媽媽要負責養家的壓力真的很大，雖然其實以現代的眼光來看，爸爸負責顧家也很好啊！（尤其煮的飯又比較好吃 XDD）可是在當年那個時代，他們承受著許多來自四面八方的沉重壓力。媽媽一個女人家，每天騎著摩托車奔波找客戶，談的是那個年代還沒什麼觀念的保險，每天張開眼睛就得面對家裡需要用錢的經濟壓力，在家族裡也不一定會被認同的挫敗，各式各樣的壓力，真的很難很辛苦，難怪每天什麼都可以吵不停。

於是事情大概是這樣演的，媽媽因為工作（或話多 XDDD）每天都拖到很晚才回來，爸爸一個人煮菜煮煮煮，邊煮邊喝，看著我們吃完飯還等不到她回家，就繼續喝。等等等到我媽終於回來，他也已經喝得差不多，媽一回家就看到一個已經喝醉的人，心裡當然也不開心，

於是開始碎碎唸，數落東數落西。爸就覺得妳已經那麼晚回來了還嫌東嫌西，加上喝了點酒很容易上火，於是就接著大吵，把所有新仇舊恨都翻出來重新吵……這樣的情況幾乎每天晚上都會重新輪迴，一吵就是幾個小時。

我們其實住在一條很安靜的巷子裡，所以他們兩個每天晚上的大吼大叫都會讓我覺得很丟臉、很自卑，也漸漸以為全世界的家庭或夫妻都像我爸媽那樣，電視劇《愛的進行式》裡面的溫馨和睦都是假的、演出來的。一直到高中某次到同學家，看到人家爸媽講話才發現，原來不是每個家庭都一樣！原來夫妻在家裡說話是可以輕聲細語好好講的！（大驚）

所以小時候常常會覺得很痛苦，總覺得好像被困在某個地方，心裡總是有很多情緒想要發洩。於是我從小時候就很會吵架，誰都可以吵（尤其是爸媽 XDDD），要吵來啊，很辯才無礙沒在怕的，不論是正方或反方都很卯足全力的辯論捍衛，沒輸過。

一直到了十八歲第一次談戀愛，我發現自己完全不想重蹈爸媽的覆

轍，我選擇不要成為那麼好鬥的人、選擇好好說話。當然那時其實還很不成熟，也是會耍脾氣使性子，但絕對不會對人家大聲講話甚至怒吼，我很有意識的選擇表達方式，因為覺得吵架絕對不是個好的選項、再也不想過那樣大小聲的生活。尤其是有了自己的家庭之後，更不想用吵吵鬧鬧的方式溝通。我不能控制別人的講話方式，但可以選擇用怎樣的方式說話。既然珍惜，那就好好溝通吧！

3. 我的硬漢爸爸

　　我到現在還是不太能提我爸的事，不管是講的、寫的，只要想到我都會忍不住紅眼眶，他離開我們的過程真的太快了。

　　還記得是大一的寒假，爸爸終於願意去檢查他常年都不舒服的喉嚨，一檢查切片後發現是食道癌，而且還是末期……之後不到一年就走了。爸不肯氣切，好像也已經不能手術，所以只能做電療化療，也曾經一度好轉起來，我甚至還很天真的想，科技那麼發達，應該會好吧。

　　大一下學期的時候，我每個週末都會回臺北，去醫院陪他。當時爸爸在榮總住院，我們家在忠孝東路五段，光是這兩邊往來，大眾運輸工具就要轉很多趟車，再加上我從新竹回來也要坐好久的車。每個週末都這樣在車上轉來轉去。印象很深刻是有一次我從新竹回臺北的路上，突然悲從中來，從火車

站坐飛狗巴士到臺北，再換捷運到石牌的一路上，我都在哭，嘩啦嘩啦哭到完全停不下來。但即使是那樣，當時我還是不覺得爸會離開。

　　那一整年的時間過得好快，就在大二寒假，還熬不到農曆過年的 12 月 24 日，爸就走了。

．

🍃 🍃 🍃

　　我弟很皮，從小被爸打大的，他都說爸打他像打蟑螂（笑），但爸一直很疼我（畢竟女兒就是拿來疼的 XDD）。印象中爸只打過我一次，好像是小學的時候去同學家玩，本來說好五點回家，但玩到五點還捨不得走，打電話回家說同  學媽媽留我吃飯，不管爸說不准，我硬是玩到六點多才回去。結果到家後，震怒的爸爸拿工地的那種正方形的木棍打我屁股，打到棍子都斷了，整個屁股瘀青腫起來，痛到晚上只能趴著睡。雖然自知理虧但很硬脾氣的一聲都不吭（也不敢吭），倒是爸爸很心疼，半夜還來偷看我睡得好不好。（當然不好啊！屁股都腫起來了怎麼會好！哈！）

但我弟说，爸生病那一年卻是他跟爸感情最好的時候。媽媽那時候的工作還是很忙，而我在新竹念書，所以家裡通常只有他們兩個，一起看電視下棋啊什麼的。爸也跟著媽一起去保險公司上班了，每天同進同出，感覺家裡的狀況終於慢慢變好了。

　　事情發生得很突然，原本爸的身體已經比較好轉，可以正常吃喝，還跟著我們一起搬到新家。但最後一次化療完，我陪他回診抽血發現他的白血球數突然降得很低，醫生要他立即住院。

　　忘了住了多久之後的某天去做照 X 光的例行檢查，一出來，他前一秒還在説裡面的人摔他很大力，然後下一秒就突然大吐血。

　　就像電視上演的，家人被推到布簾外，醫生護士衝過來幫他急救！插管之後救了回來，但爸一醒來就吵著要把管子拿掉，因為他以前在醫院做過看護，説一插管就拿不掉了。可是我們家族之前沒有人生過大病，根本不知道該怎麼面對這些，醫生説什麼我們就聽什麼，不敢擅自做決定，於是就聽醫生的話，不讓爸拔管，但我看得出來，他真的很痛苦。

後來聽媽說，之前有次姨公病危的時候，她去了一間觀音廟跟菩薩祈禱，結果姨公真的奇蹟似的好轉了。於是我也去那間廟裡跟菩薩說，如果可以，我願意折十年的壽給爸，但如果真的不行，也請不要讓爸再這麼痛苦了，請菩薩作主，讓爸早點跟著菩薩去修行。

結果，那天晚上我和媽媽守在醫院陪睡，媽媽說爸一直在看手錶，到了清晨五六點的時候，媽媽希望他好好睡一下，就把他手錶拿下來。等到天亮，護士來巡房抽痰的時候，爸又突然大吐血，急救無效，就這樣走了。

媽媽說爸一直是個很細心體貼的人，一定是擔心半夜過世讓爺爺奶奶趕過來太辛苦，才會一直看時間，撐著。

爸過世的當下，我表現得很冷靜，一直流淚不止，但就是很冷靜的跪在旁邊流淚，沒有像電影裡演的那樣，大哭大喊不能接受什麼的。那段日子因為還有好多後事要陪著媽媽去處理，好像沒什麼時間沉浸在難過裡，只是覺得很不真實，好好一個人，真的就這樣，再也見不到了嗎……

很快的開學了，班上好像沒什麼人知道我爸過世，那半年的我好像沒有靈魂，日子渾渾噩噩的過，體重從四十三公斤一路降到三十八公斤也沒自覺，變得很害怕匱乏，很害怕失去。每次看到東西快用完的時候，就會很緊張的一次買三份，一份放新竹宿舍，一份放臺北家，一份放男友家，但其實根本就還沒用完。

爸爸的離開對家裡的每個人都有很大的衝擊和影響，整個家都變了。

我弟那時候才國中，不只是叛逆不聽話，行為舉止更是反常，換了好幾個學校都念不下去，媽媽時不時就要跑學校找老師，當下只覺得，媽媽已經那麼難過了，你為什麼不能懂事點？覺得很不能體諒。多年後才知道，其實也是因為爸爸驟逝的影響。想到弟弟那時候一定也很辛苦就覺得很抱歉，當時沒辦法花心力去照顧他的情緒和狀況，畢竟我也沉在自己的情緒裡。

過了很久的某天終於夢到爸了。一般人家說頭七什麼的，我都沒有，可能睡得太熟（噗）。那是我第一次好不容易夢到爸，卻被我當時的男友叩叩叩敲窗戶把我叫醒（當時的宿舍在一樓）後來他可能想安慰我就說：「那如果再給妳一次機會，再讓妳見到妳爸一面，妳想跟他

說什麼？」尬的！當下聽到這句話的瞬間，整個崩潰大哭，哭到無法控制，這是爸過世後，第一次這樣哭。因為我真的有好多好多話想跟爸說，以前每天回到家或是打電話回家，都會叨叨絮絮的講個沒完，但就是再也沒機會了，雖然我也說不出到底想講什麼，但就是很明確的知道，爸不在了，沒機會了。（嗚……）（不過可能我心裡就因為這樣氣他，後來果然分手了哈哈哈哈）

啊對，是說後來有件蠻離奇的事。爸生病的那時候才剛開始有手機，所以我跟媽媽跟爸爸，三個人辦了一樣的手機方便聯絡。當時很怕接到家裡，或是媽媽，或是不認識的來電，就怕會是醫院傳來壞消息。

　　爸走了大概半年多，某天夜裡手機突然來了一封簡訊，寄信人是 Dad（那時候的手機還沒有中文輸入），心想怎麼可能，點開一看寫著「I love you」，我想這就一定是臭弟，幹嘛亂鬧啦，但還是覺得心裡一陣暖暖的，也沒想太多。

　　直到後來過了很多年，有次跟我弟聊到這件事，他很認真的跟我說，沒有欸！他從來沒用過爸的手機，更別說傳訊給我，而且爸的手機早就沒電，一直放在櫃子裡面……

　　噗！雖然很驚悚但也覺得很神奇，畢竟事隔多年，手機也早就因為搬家不見，完全無法求證，也或許根本是我弟只是他忘了，但我寧願相信真的是爸在跟我說再見。

☁ ☁ ☁

爸走了之後，爺爺因為傷心過度，一年後也走了。爸他們一家都是硬漢，心裡有話有痛都不說，硬ㄍㄧㄥ。爸一直都是很孝順的小孩，雖然表面很叛逆，有時還會跟爺爺奶奶吵架，而且我們自己日子都不好過了，在經濟上當然也沒辦法孝敬爺爺奶奶什麼，但爸就是那種會陪奶奶煮飯聊天，很常回去看他們、陪他們的貼心小孩，一直到爸走了，爺爺奶奶才更是深深惦記懷念爸的好。

　　爸很會做菜就是因為奶奶很會做菜，看著看著也一樣很會煮，又愛煮（啊那我怎麼不會！唉！）每次一回家，隨時都能有東西吃，乾拌麵啦、清蒸魚啦、滷雞翅啊、滷肉啊……來過我們家的同學也都吃過爸煮的菜，知道爸很會做菜。

　　有一次跟好朋友阿飛和巧一起去福岡旅行，在一家煎餃店裡不知道為什麼竟然有紅燒雞翅，吃了一口說：「哇，跟我爸煮的味道好像喔！」還在默默覺得好懷念的時候，聽到巧跟 Wii 說：「CPU 在想把拔了。」然後我就哭了！（然後他們三個人就笑出來了！噗！）

　　爸還很會唱歌，以前他常在家裡唱一些老歌，我們也會跟著唱。只是他生病後就不再唱歌，而爸不在，家裡就再也沒有歌聲。他走了很

久很久以後，有一天我在家裡洗澡不經意的唱起歌來，才突然發現，自己好像很久很久很久都沒有在家裡唱歌。然後直到那一刻才終於醒悟，爸是真的不在了……

那天的感覺很複雜，我再也不能假裝因為我沒回家所以沒看到爸，但也表示我終於走過這段時期，接受爸已經離開的事實。

☁ ☁ ☁

爸一直很保護我（可能有點過分保護 XDD），記得國中時期禮拜六還要上半天，上課前我帶了一包衣服要出門，爸問我要去哪，我說放學要跟同學去西門町冰宮溜冰，他一聽就說：「不行，西門町很危險，妳要去可以，我帶妳去！」噗！拜託，誰去冰宮是跟爸爸去溜冰的啦！（攤手）

還有一次跟朋友出去，聊天聊過頭，聊到很晚才走路回家。結果從忠孝東路五段一轉進巷子，就看到爸搬個板凳，坐在 372 巷的路邊。那個巷口就是看左看右一覽無遺，只要走進這個巷子就一定可以看得到，半夜十二點爸就這樣很帥的坐在那裡，要看是誰送我回家。結果

看到是我一個人也沒多說什麼，就陪我一起走回家而已。

　　可能因為爸自己曾經是那種很壞的學生，所以他一直很怕我學壞、亂交男朋友。當年不能理解，覺得會使壞的是你又不是我（噗）。但現在自己有了孩子，一下子就懂了那種會擔心想保護的心情。

　　一晃眼爸都已經離開了十多年，真心真意很感謝爸對我的照顧、呵護和保護，如果沒有他，我也不會是現在的我。我是個很平凡還有點自卑的小孩，功課沒有特別好、長得也沒有特別漂亮、脾氣也不是很好 XDD。可是就因為有這麼一個人毫無保留的，覺得妳是全天下最可愛的小孩，覺得妳怎麼這麼棒、怎麼這麼美、沒有哪一家的女兒有我女兒好……於是不管再怎麼跌倒，我都不會一蹶不振，因為我知道會有人給我靠，一想到就是有個人這麼毫無保留的愛我，再怎麼難過都會有一種無來由的自信，看著鏡子就覺得自己其實還不錯這樣！哈！

　　很多書都說爸爸對女兒的影響很大，真的是欸。也許這輩子不會再有人像我爸這麼愛我，但無所謂，我不會屈就自己，去跟覺得不舒服的人在一起，因為我知道爸會心疼，我不能讓他為我擔心。爸的離開影響了我很多，不管是做事情的態度或人生觀，想想哪有什麼好爭的，

腳一伸就走了，什麼事情再大都比不上生死，人說走就走，沒什麼好
執著好痛苦的。

爸火化的時候有燒出舍利子，但誰想得到，在一般世俗的眼光裡，
可能會覺得爸是個脾氣很差的酒鬼，但爸其實很慈悲，做了很多很好
的事，可是別人都看不到。

「算了啦！沒什麼大不了！反正生命自然會有它的出路！」遇到困
難的時候，我總會這樣跟自己說。謝謝爸爸，讓我一直都知道自己不
孤單，即使看不見，但你依舊存在。

4. 騎著機車打拚的媽媽

　　我小時候很怕我媽，她很嚴格，是那種檢查功課很仔細、問很多的媽媽。（所以偶爾會自己偷簽名不讓她看 XDD）從有記憶以來，就記得媽的工作一直很忙，尤其是上小學那年弟剛出生，媽更是忙得不可開交。所以那時候對弟的印象就是，因為他一直哭，所以媽都沒有時間關心剛上小學的我，但媽反而是覺得因為我已經當了六年的獨生女，已經單獨陪了我六年，而且弟出生後，她的工作又特別忙，沒辦法像當初陪我一樣陪他，再加上爸對兒子的教養態度又超嚴格，所以媽對弟就會有種補償心態，特別的寵溺。以致於我小時候常覺得，媽比較愛弟弟，沒那麼愛我。

媽媽跟我與弟弟

　　唯一記得媽媽對我特別好的那次，是她牽了一部新摩托車。

她騎到家樓下按電鈴，叫我一個人下去，然後騎著新車載著我兜風，那一整天我都覺得好開心，這麼小的事情我到現在都記得很清楚。

我小時候超愛哭，家裡有很多我在各個路邊被我媽照起來的大哭醜照。（U這點真的很像我）（攤手）請注意，已經是幼稚園、國小時期，不是嬰兒喔，我媽很討厭我愛哭，會發狠説：「再哭就打到不哭為止！」矮額～超恐怖！當然嘛很怕她啊！

但後來長大看到爸媽吵架，反而都是站在媽這邊幫忙數落爸的，畢竟我看到的爸爸都是喝醉的盧小小，所以就會覺得，媽都已經那麼辛苦在賺錢了，爸你在家喝醉還找媽麻煩……（雖然再更大一點就能理解，大人的世界不是只有黑白對錯，做女兒的不應該介入大人之間的恩怨，也不應該幫著指責父母，現在回想起來，當年喝醉的爸爸可能其實很心痛。）

總之，爸沒工作的那段時間，媽就是騎著摩托車到處拜訪客戶、談

生意講保險。坐她摩托車的時候，她總是一直唸著還要付什麼錢什麼錢，家裡又欠多少錢多少錢，我知道她的壓力真的好大，看著她風吹雨淋晒太陽的奔波，真的覺得很心疼。所以等到我終於有能力，第一件事就是買輛二手車給她。我想讓她可以邊聽著音樂、邊吹著冷氣的趴趴走，我想好好照顧她。

爸走了以後，因為有一些保險金，讓她暫時把多年的債務還完了，她說，這麼多年來，第一次早上睡醒不用緊張兮兮的想說又要去哪湊錢還誰了。聽得我超辛酸，她這一輩子真的好辛苦。

◈ ◈ ◈

媽跟奶奶的關係似乎不太好，爸爸媽媽兩個人吵架，連帶影響了雙方家庭，爸不去我外婆家，媽也不去我奶奶家，是連過年也不回去的那種。可是爸爸過世後，我看著媽媽為了爸，開始回去做個媳婦，開始帶爺爺去看醫生、帶奶奶去吃飯，很努力的想幫爸做些事情。可是始終有些嫌隙、有些對彼此的不諒解，即使媽媽再怎麼努力，那些依然存在。

現在奶奶走了，雖然很懷念以前過年跟姑姑、表姊、表弟、叔叔聊天的時光，但也都沒什麼往來了。不是不愛他們，也不是有什麼怨恨，都不是。我只是捨不得看媽媽一直被誤會，她好辛苦的做了一輩子，卻被嫌了一輩子。我覺得反正妳老公都走了，沒差了。既然沒辦法跟真正的家人一樣相愛，那也不需要在意他們對妳的喜惡，與其這樣影響心情，不如就不要再花時間來往。

看著媽常會想，明明她就是一個很好的人，但卻也因為個性和講話方式，往往都是那個最吃力不討好、做到流汗被嫌到流涎的人。常勸她說：「妳那麼熱心的一直用妳覺得好的方式在對別人好，但人家真的覺得好嗎？要人家覺得的好才是真的好。」所以一樣，我對待媽的好，也要是她覺得的好才是好，我們做女兒的心願很小，只是想讓媽媽開心燦笑而已。

雖然我的個性比較像爸，但每對母女一定都會有某部分的雷同，我不可能不像她，可是我知道，她的人生之所以這麼辛苦，很多時候都是自己選的。我看著她的選擇，知道自己也可以選擇要用什麼樣的態度過人生，責怪別人對自己的人生並沒有任何幫助。

人生是自己選的，沒有人會替妳負責。

　　所以我的人生我自己決定，這個決定是對或錯都無所謂，總之是自己想要的決定，是會讓自己覺得開心的決定。就算最後不成功也無所謂，至少試過，沒有遺憾。

5. 選擇變成更好的人

國小的時候爸爸媽媽兩個人都很忙，弟弟又剛出生，我因為早讀，所以念永春國小的時候好像還不到六歲。每天早上一被送去上學就大哭，但沒有辦法，還是要自立自強。我第一天放學就得自己從松山車站坐公車到吳興街的奶奶家，等爸媽下班來接我。爸爸教我，右邊的公車站要坐 74、左邊要坐 284，有一次我坐錯邊了，結果下午三點才又重新坐回奶奶家，嚇得要命不敢按電鈴，就呆呆站在門口等（其實嚇死的是大人吧！哈！）

喔對！我媽也很常把我丟在金石堂或圖書館，一丟就是一個下午。（因為她說愛看書的都不會是壞人。哪來的道理？）只能說，還好那個年代算安全，現在要讓七歲的虎虎自己坐那麼遠的公車、一個人待在誠品一天，根本不可能啊！

不過可能也因為這樣，我一直都很獨立，也很能照顧自己的需求。

求學階段還算是順利，既沒有很愛念書也不會掛車尾，爸媽對我的要求也不多，只要排名中段即可，我也差不多都是維持這樣。

國小可能因為早讀，所以老師對我包容度比較大，沒有感受到什麼壓力。國中念的是競爭相對激烈的仁愛國中，雖然也維持中段名次，但對於能不能考上公立高中其實沒什麼把握。直到國三，老師說我的程度考省聯一定會上，為了幫爸媽省錢，我一定要念公立學校，但省聯跟北聯同一天考試，只能選一個報名。我只想做有把握的事，所以沒跟爸媽討論就自己決定報了省聯。一開始他們很生氣，覺得臺北人跑那麼遠去基隆念書，而且還沒跟大人商量怎麼可以，但考試的時候他們還是陪我去，我也真的考上，他們反而很開心的覺得我做了正確的選擇，噗！

　　上了高中，一開始分班的排名就在後面，再分班又被分到後段班，在班上也排名中後，還常因為睡過頭遲到或生病請假，直到高三才意識到要考大學了，不想重考（咦，我好像都在關鍵時刻才會開始拚XD）於是卯起來拚了半年，那段時間一回到家吃完飯就睡覺，睡到半夜三點再起來念到天亮去上學，印象很深刻，半夜很安靜，陪我的都是萬芳的歌。

　　結果大學聯考一放榜，班上只有五個人考取，我就是其中一個，根本黑馬，老師都嚇到了，噗！

爸爸其實很希望我在臺北念大學，這樣就可以住家裡（方便他控管XDD）為了鼓勵我，還說如果我念臺北的大學要買車給我。

結果因為選志願的時候剛好看到中華大學竟然有第一類組也可以念的景觀建築系，想說好哦！試試，然後唯一只填了這一個外縣市的就中了，果然很「莫非」。

第一次離家念書，全家都很嗨，每次要去新竹，爸媽都會請朋友幫忙開車，大包小包一起送我去，開學也是放假也是，浩浩蕩蕩的陣仗超大！哈！

我有答應爸上大學以前不談戀愛（也不完全是因為乖，我很理性的覺得未來太遙遠，而且爸媽的感情讓我對愛情沒有太多憧憬）。一直到大一才跟一個同班同學在一起，他的家庭很和樂，相處下來覺得，如果跟這個人結婚也沒什麼不好，反正他很好笑。（這是什麼結論啦XDD）

大學時期過得很開心，第一次覺得自己人生的掌控度很高，大部分時間都過著自由自在、自己想要的日子。一直到爸走了還是照常去上

學，只是不太提爸離開的事。在學校也表現得很正常，照常嘻嘻哈哈，但當然還是有影響，沒辦法正常出席，狀況也不穩定。

記得有次跟幾個要好的同學一起做報告，當天正好是媽公司辦年度活動的週末，媽想叫我陪她，因為以前爸每年都會跟她一起參加這個活動，爸剛走，她不想一個人去。我本來想請假陪她，可是同學說：「妳已經那麼多次都不在，再不來我們就要把妳除名了。」於是我雖然回學校跟同學一起，但心裡超不爽的，整天都沒講話，也讓整組的氣氛超尷尬。

後來想想自己真的很不成熟，其實我大可以好好溝通，跟同學明說我真的很想陪媽媽，以前她都有爸爸陪，今年爸爸剛過世，實在不想讓她一個人孤單面對……我相信這樣講同學應該也很能諒解，但我就是賭氣。好，為了不要讓你們覺得我都缺席所以我來了，可是根本沒意義啊！（人來了結果不說一句話，開什麼會啦，噗！）後來聽到媽說：「今年妳爸不在，我一個人在那邊怎樣怎樣……」的時候，我也只能在電話這頭掉淚，覺得很難過，兩邊都搞砸了。

再後來，老師也把我當了，覺得之前明明表現不錯為什麼今年變

成這樣，等聽到我說可能是因為父親過世，她才很驚訝的說她都不知道……但木已成舟，分數都已經交出去了……算了啦，剛好我也跟初戀男友分手，繼續同班也尷尬，反正我早讀，延畢一年也不會被發現。（也太會轉念，噗！）

這個經驗讓我體會到，人真的不能被情緒綁架，事情沒辦法好好進行就是雙輸。賭氣並沒有比較好，頂多只是逞一時之快，反而讓事情變得更糟。

而且當你沒有開口 Call Help 的時候，沒有人會知道你可能需要幫助（就算知道了也沒義務一定要幫你），唯一能做的，就是先盡力想好對策，然後好好的溝通，畢竟關關難過關關過，有家人朋友理解和陪伴的人生才是彩色的！

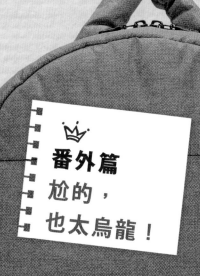

番外篇
尬的，
也太烏龍！

應編輯要求，希望我把我其實是個烏龍人的事實寫出來，本想說好啊！寫烏龍事蹟應該就可以占個大半本篇幅了（賊笑），結果真的要寫的時候才發現，買尬！我根本就都不記得啊啊啊啊！（抱頭）

因為除了烏龍以外，本人剛好也沒有長記性。（這有需要明說嗎？噗！）

但答應都答應了，只好轉而求助親朋好友……

結果果然不負眾望！（是醬用的嗎？）大家的留言也太踴躍…… 👉

Cpu █████

2月28日・編輯紀錄・⊘・⚙ ▾

咳咳....那個...不好意思...因為正在蒐集寫文的素材,編輯想要我寫一些關於我記憶不好、或是很烏龍的糗事(阿但問題是我就記不得啊嘛!)只好來請問我親愛的至親好友們.....

我有很烏龍嗎?
有人記得任何關於我的烏龍阿達事嗎?
可以拜託跟我說一下嗎?
Please~Please~

(結果字才打完就覺得好冏,萬一真的有很多我是敢寫出來嗎?!嗚)

📷 貼相片標籤　📍 標示地點　✎ 編輯

👍 讚　💬 留言　↗ 分享

◉◉ 瑪小蕾、玩婷婷和其他 127 人

檢視另 29 則留言

█ 留言……　　　　　　📷 ☺

William █████ Chen Chung 話說妳在被求婚的路上,因為刷眼睫毛錯過一些橋段,這算嗎?

Kanya █████ 把男友手機掉進火鍋裡……

Kanya █████ 半夜小孩睡到床底下還報警……

Kanya █████ 大學時,有次我們開車經過烏龍國小,結果大家都請妳下車……哈哈哈哈哈哈哈

周████ 她是校長。

Jason █████ 是榮譽校友。

Ru ███████

1. 妳在世貿跌倒。(剛好攤位上有很多人!)
2. 午餐說要請員工吃餐,卻沒帶錢包。(還敢給我點飲料咧!)

Mina ████

1. 在松隆路辦公室的時候,妳每次上廁所就會掉零錢到馬桶裡,最後馬桶有太多零錢,自己不敢撿卻叫表妹撿。
2. 開會時肢體豐富的表達並高舉雙手,最後發現自己的腋下有個破洞……

Cpu ▇▇▇ 噗哈哈哈哈哈哈哈哈啊哈哈哈真的假的！我有那樣嗎 ?! 所以妳真的有撿零錢嗎？！

Mina ▇▇▇ 當然有啊！有一個人一直拜託，又纏著妳，還在妳身上打滾，能不撿嗎？

Mina ▇▇▇ 把樹搬到員工座位後方，導致員工椅子沒辦法拉開坐下，這算嗎？

Abby ▇▇▇ 希望腋下毛已拔清。

Kanya ▇▇▇ 她不會拔清的！！每次都忘記刮！

陳 ▇▇▇ 忘了自己發生過那麼多烏龍，這件事情本身就很烏龍 XD

沈 ▇▇▇

1. 學生時代一定要好樂迪歡唱的啊！話説有人跑步跑到仆街，旁邊的服務生關心的大喊：景觀系周品妤妳沒事吧！
2. 洗澡沒鎖門，洗到一半被打開，妳只好坐在板凳上，瞪大眼看著開門的人以及在旁目睹一切的所有浴室使用者。

周 ▇▇▇ 上次要帶虎出國，結果出發前一天晚上發現，虎虎護照過期……

Nikki ▇▇▇ 有次虎虎生病，妳帶他去醫院看病，結果……掛號掛錯，掛到下週……

Josephine ▇▇▇ 大三有次半夜在妳房間一起做分組報告，妳拿菜包飯給我吃，異想天開用熱水瓶煮水，想把蓋子弄熱再把菜包飯貼在上面，結果黏得亂七八糟……我想辦法滿手很黏的吃下，而妳就自己很努力的刷洗熱水瓶頭頂。兩個人吃完刷乾淨後就互道晚安掰掰，完全沒有做報告⊙⊙

Vicky ██████ 印象中還有香港手工名片……

Nicole ██████ 那我還要提把我手機掉進馬桶的事嗎？

Nicole ██████ 我們在高速公路上，引擎蓋掀起來的驚魂記算烏龍嗎？

周 ██████ 上高速公路之前在路上頂到別人的車子，然後上高速公路後，引擎蓋還飛起來的那次對吧？

Nicole ██████ 頂到別人車子那段真的是烏龍，因為她看到的綠燈是別人那個方向的綠燈。

Cpu ██████ 啊！我想到一個！好像是在開某個快速道的時候，不小心開進機車道，是跟妳嗎？

Kanya ██████ 是我啊！每次都是我！！！妳在信義區下橋後還不小心逆向，整個不知所措只好大左轉！嚇死！ 😊

Jason ██████ 啊有啦，我想到一個，在關島喝醉，睡在飯店走道椅子上。

Kanya ██████ 對ㄟ！等電梯就睡著了！

周 ██████ 在休息站把整個包包留在桌上，都已經離開不知道多遠了，才有人打電話到家裡來找主人，然後再聯絡妳回去拿……

Vivian ██████ 公婆上臺北，帶公婆回到家門口才發現沒帶鑰匙而門鎖著，最後只好找鎖匠來開門。

Shoou ██████ ██████ 鎖匠來開門還有後續：鎖匠1來了之後，拿出看家本領，萬能鑰匙號稱可開任何鎖，又是轉又是推又是拉

的，花了 30 多分鐘，在旁的我們看得全身發熱，鎖匠也冒汗了，最後終於承認本領有限，並且說這個門鎖太牢固了，必須用大型工具整個破壞才能進去，聽了真是令人頭暈，要多大的工具？準備讓整棟樓的人都知道我們鑰匙掉了嗎？正煩惱時，鎖匠 1 說：我再找一個比我更厲害的來看看好了，他如果不行，那就只好破門而入。

鎖匠 2 來了，只見他看了看，氣定神閒的從袋子裡拿出一根鐵絲線，從鐵門的門縫伸進去，然後勾住裡面的鎖頭轉一圈，最初以為還要再等 30 分鐘以上，沒想到鎖匠 2 只花了一分鐘就開了門，然後酌收工本費 200 元，一分鐘 200 元看似很貴，但比起驚天動地的破門而入，再加上安裝新門最少也得花個兩萬以上，真是便宜便宜啊！最重要的是，公婆終於可以入內休息了！

Kuming 第一次看到留言比讚多的，這也是阿達一族的特色嗎？

Abby Omg!!! What's wrong with u? 我還以為逆向開車已經夠經典，妳真的要每秒感恩，畢竟活著已是奇蹟，噗！

Kanya 真的！我坐她車那麼多次還活著，真的也是奇蹟！

蘇 真的！還生了兩個小孩！

Jass 都破百了，噢噢噢！找不到小孩都快報警了才發現，原來小孩只是滾到床底下，這有人說過了嗎？

Jesse 這本書的書名應該是：我的人生是個烏龍！

噗！以上，烏龍就烏龍～怎麼了嗎！？（攤手）

Part 2

找到人生的暖暖包

1. 歡場有真愛

說來奇妙，當年我跟 Wii 突然說要結婚的時候，嚇傻不少朋友。大家不好意思問出口的話應該都是：「該不會是懷孕了吧？」噗！當然不是啊！！

不過現在回想起來，那時候做的這個決定還真是很衝動的賭注（難怪江湖傳言，結婚要靠衝動）。畢竟我們一開始也沒有要認真交往，我也從來沒有跟朋友正式介紹說他是我男友，只說是個曖昧對象，然後漸漸變成固定曖昧對象，然後就結婚了！哈！

第一次見面的過程滿妙的，那天中午我剛好參加好姊妹的訂婚宴，然後下午陪另一個好姊妹去當時超紅的星光大道徵選，接著晚上去環亞錢櫃唱歌慶功，還連續唱了兩攤不同朋友的包廂，一直到了半夜兩三點終於要回家前，剛好有個朋友問要不要再一起去一下 SOGO 錢櫃，那時正值去澳洲打工遊學完剛回國的窮困時期，想說 SOGO 錢櫃至少離我家比較近，計程車比較便宜（或走路比較近 XDD）。

結果一進到包廂，裡面竟然只有兩男一女，尬的也太不妙！人這麼少是要怎麼走啦？！（抱頭）

包廂裡其中一個男生就是阿 Wii，雖然我應該是裡面唯一還算清醒，還可以唱歌聊天的，但時間已經滿晚，加上姊妹們都已經累到面無表情，我看這樣下去也不是辦法，就主動站起來說：「好啦！今天大家都玩得很開心，那已經這麼晚了！不如我們就到這裡，有機會下次再約吧！」（帥欸我）接著大家就開始算錢掏錢，這時我朋友突然把阿 Wii 手上的 500 元抽走，轉身拿給我說：「周品妤妳先走沒關係，這給妳坐車！」

然後我就走了 XDDDDDDDD 沒付錢還拿人家的錢坐車哈哈哈哈哈哈哈哈哈哈！

歡場嘛！噗！

不過離開前 Wii 有問我，可不可以加我 MSN，當下我很敷衍的說，可以啊你問我朋友就好（想說反正他也醉了）。結果兩三天後，他還真的出現加了我 MSN（看到 MSN 的大頭貼，我才知道原來他長那樣，畢竟包廂裡真的很暗啊哈哈），然後他就問我家住哪、念什麼科系、

現在在哪裡工作……之類，當天晚上其實他都已經問過的問題。（果然很醉）（攤手）

　　加了 MSN 之後，有好一陣子的每天早上，都會收到他傳來的笑臉說安安（工程師）（指）不過也只是打打招呼沒多聊什麼，直到某次因為要熬夜寫稿，他剛好也沒睡的跟我亂聊，聊著聊著聊到卡通歌集錦，突然覺得這個人滿好笑，而且記性好好，記得好多卡通，然後又聊到棒球，聊到當時超迷的王建民，就相約一起去京華城看王建民第一場球賽的轉播。

　　由於我對他的臉完全沒印象，唯一的線索就是他 MSN 上的小照片和他傳給我第一次見面時候的合照，當天約在我家巷口 7-11 的時候，著實有點擔心會認錯人。（後來當然沒有，否則現在可能就不是夫妻了 XD）

　　後來偶爾會約吃早餐或吃宵夜，不過都一定會帶著我弟或朋友一起。（據 Wii 說，他是故意挑冷門時段約，成功機率比較高。）（果然是摩羯座的工程師。）

直到我正式恢復單身，他也越來越積極，每天早上從板橋到永春站附近載我去內湖上班，然後他再去新店上班，下班再從新店出發到內湖接我，一起吃飯再送我回家，說板橋到永春很近。（到底哪裡近？交往後我才知道，要經過三座橋才會到欸！！）（果然熱戀中都不怕遠不怕累）（覺得懷念 XDDD）

當時覺得 Wii 是一個很妙的人，身為某種所謂的「科技新貴」，不只是很務實的開著香檳金的 TOYOTA（因為他說當時只有那色有現貨 XDD），對待我的方式熱情積極卻又不卑不亢，很有自信又不會自恃甚高，常常噓寒問暖卻又不會過分獻殷勤或緊迫盯人，就維持著一個很剛好很溫馨的距離，像暖暖包一樣，適時的溫暖了我那段很波折很低迷的落魄時期。

經過不到五個月幾乎天天見面的超密集相處，剛好阿 Wii 想買房子，看好房子下了訂之後，就邀請我搬去跟他一起住。

我：但我是臺北人啊，怎麼可能不住家裡跑去住你家，這樣不是很奇怪嗎？
Wii：那不然我們就結婚？或先訂婚？這樣妳搬過來就很合理呀！
我：喔！好啊！那你去跟我媽説！

Wii 跟我媽講的時候，她先是哈哈大笑，以為我們在開玩笑。然後才一臉驚恐的說：「你們真的假的啦？！」

我們：真的啊！

賈女士：妳該不會懷孕了？！不要開玩笑喔！

我們：沒有啊！保證沒有！

賈女士：喔！那好啊！（餘悸猶存狀）你們如果真的要結婚，那看日子吧！

就醬，我們結婚了！

　　是說本來打算，一月訂婚完先住在一起觀察一下，如果 OK，那年底再看看要不要結婚，完全進可攻退可守。想不到 Wii 竟然偷偷策畫一場驚動大家的澎湃求婚，搞這麼大我根本沒退路啊！只好順著長輩的意思四月去登記，正式成為夫妻的那天，距離我們第一次見面還不到一年！

　是説其實關於 Wii 的求婚，最覺得感動的不是求婚搞多大，而是我們才認識短短不到半年，他跟我的朋友們明明很不熟（畢竟我根本沒正式跟大家介紹過他 XDD）但他卻大費周章先偷偷找了十幾個我的好朋友一個個錄好祝福影片，然後當天求婚現場的幾十個人也統統都是我的好朋友（還是有漏掉幾個啦搜哩～）這麼有誠意、這麼有心，嫁了吧！！！賭一把！

　阿 Wii 是我的第五個男朋友，剛好我也是他的第五個女朋友（怎麼這麼巧），結婚前我曾問過他，你確定嗎？萬一我根本不是你想像的

能一起努力走過人生的每個階段、可以好好相處、有共識一起打拚、可以同甘共苦的伴侶，就是好伴侶。

那樣怎麼辦？萬一我其實脾氣超差、沒耐性又懶惰怎辦？（事實）

　　結果他回答，沒差啊！我相信自己的觀察，反正妳在我心目中已經是 95 分，就算以後發現缺點，再怎麼扣也不會不及格，所以我覺得很值得，一定要好好把握。（噗！當時怎麼那麼會講話啦！哈！）

　　不過我對他的感覺其實也差不多，想想過去談了那麼多年戀愛，對於每次都要大費周章的重新適應彼此的生活圈、介紹彼此的親朋好友認識，然後又因為某些原因而分開的這些過程，其實也有點累了。覺得自己還算是好相處的人（很敢講 XD），既然老天爺給了我一個魚與熊掌兼得的好人，以後只要好好對著他，好好用心經營就好，很單純也很簡單。（難道這就是相親結婚的感覺嗎？噗！）

　　反正能一起努力走過人生的每個階段、可以好好相處、有共識一起打拚、可以同甘共苦的伴侶，就是好伴侶，而我想我跟他都是。

2. 結婚很衝其實我很務實

從以前就不是非要結婚不可的人，但嫁給 Wii 也許是我這輩子到目前為止最正確的決定之一。雖然我們從交往到訂婚不到半年，實在很衝動，不過也許結婚就是要靠著一股衝動。尤其是我們兩人的個性真的非常不同。而每對情侶在籌備婚禮時，一定都有吵過架，我們當然也是。

還記得好像是因為他漫不經心的不太在意婚禮的進度、婚紗、飯店……沒想法也沒有想要認真看待和選擇（現在想想，這哪有什麼好氣的啦？！）但當時還是少女時期的我卻因為覺得沒有被重視而氣到哭，還邊哭邊問說：「你到底有沒有想過，我一個女生要嫁給你這麼大的決定，你有想過我可能會有我夢想的婚禮嗎？你有沒有問過我想要穿的白紗是怎麼樣的？你都沒有想過，也沒有問過我想要什麼，那還是我們就不要結了？」（醜哭）

結果他當然就嚇到了 XD

當場就整理了一個表格（果然是 PM），列出要去哪些店看婚紗、看場地，看完還列表評分，寫出優缺點來評比，完全當做專案在做，立馬表現出他對這件事情的重視程度！噗！

我們很幸運的是在感情正好的時候結婚，對彼此的包容度都很大，不管遇到什麼狀況，或就算彼此家裡面有不同的意見和聲音，都會很努力的去克服。

真的就那樣義無反顧的決定了，反而有種安定的感覺。

Wii 跟我以前認識的人很不一樣，他對我的接受度很高（當時）、情緒很穩定、偶爾還很 Funny。很大方不怕髒（這什麼形容詞啦）、不怕吃苦、對我很好、把我放在最重要的位置，但也不會整個世界只有我。很在乎他的家人，可是也同樣很重視我。

嗯，可以嫁。

當時的共識就是，我們既然都
到了想要走到人生下個階段的時
候，反正我們都是很好相處的人
（又來），既然下定決心要好好
一起生活，那彼此就是最適合的
對象。

其實還是有點無厘頭賭很大，我知道。

在阿 Wii 之前，我算是很幸運的，遇到的人都很好，只是走著走著，
在當下的那個時間點沒辦法繼續下去。當然也曾懷疑過，是不是自己
太不安於現狀，是不是應該要有所取捨，不應該只是因為當下看到的
未來可能不是自己想要的就選擇放棄……

但到頭來，其實人生本來就是自己的，選擇伴侶，尤其是終身的伴
侶，真的不能將就。

很多事情可以取捨，但感情這件事不行，沒辦法取捨更不能將就，
魚與熊掌不能只取其一，麵包和愛情也不能二選一。頂多就是等待，

就是去試，想要有怎麼樣的幸福，就得要先讓自己是怎麼樣的好，然後耐得住性子的去等待、去經營。反正隨著自己的成長，想要的也會變得不一樣，小時候可能覺得溫馨接送情很必要，但長大其實覺得自己行動更有效率。沒有要死守著什麼條件萬年不變，就只是不要將就。

否則哪天覺得自己的人生有缺憾怎麼辦？現在看起來或許只是小事的將就，但以後卻有可能變成很大的裂縫，到頭來還是會不快樂，那還不如一開始就不要勉強。

而且覺得當你懂得不委屈自己，不帶著：「好吧，不然就這個了。」的將就心態，或許老天爺就會給你真的適合的了。就像金斧頭銀斧頭的故事，誠實面對自己，最後你就能得到三把斧頭！（這故事是這意思嗎？！哈！）

務實中帶著喜感，嗯，可以嫁！

3. 多想一下多說一點

　　我跟 Wii 本來就是很不一樣的人。我是土生土長的臺北人，所有親戚都住在臺北，從小就很羨慕同學寒暑假有鄉下可以回。Wii 則是生長在臺東，一直到十八歲才上臺北念書到現在，我們不只個性，很多習慣和觀念也都很不一樣。

　　譬如前兩年，大家都在瘋腳踏車的時候，Wii 一點反應也沒有，因為他說他從小就每天騎腳踏車上學，一直騎到高中畢業，好不容易才不用再騎⋯⋯

　　喝湯也是！

　　從跟 Wii 一起吃飯開始，每次碰上他剛好離湯比較近，請他幫我舀湯的時候，他都會舀一碗滿滿都是料的湯，但我就很愛喝湯，通常都是只想喝湯不想吃料，但既然人家都舀好了湯，也就不好意思說什麼，每次只好默默的喝完⋯⋯

　　一直到結婚已經四五年後的某一天，我實在忍不住了，就跟他說：「其實我就是只想喝湯不想吃料啊，不然我幹嘛說要喝湯？」

他一臉疑惑：啊是喔？妳只想要湯喔！是就只有湯嗎？

我：對啊！每次我都只想要喝湯，你都幫我舀好多料……

他：喝湯不就是要有料嗎？我才覺得妳都對我不好，每次請妳幫我舀湯的時候，都只給我湯湯水水，沒有料……（委屈臉）

我：噗！啊哈哈哈哈哈哈冤枉啊大人！

　　所以其實我每次幫他舀的湯，都是我自己想喝的樣子，而他幫我舀的湯，則是他自己想喝的樣子，我們就這樣彼此覺得對方怎麼這樣的過了五年……（哈哈哈哈還好也還相安無事。）

　　自從知道「伴侶就是伴侶，不是你肚子裡蛔蟲」的這個道理之後，

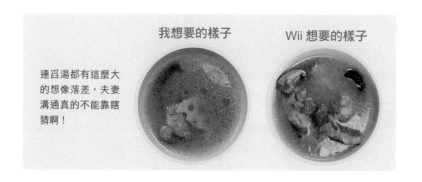

連舀湯都有這麼大的想像落差，夫妻溝通真的不能靠瞎猜啊！

我想要的樣子　　　Wii 想要的樣子

每次需要溝通、表達，或是請求支援的時候，就會再多想一下、再多講一些。

多想一下，這樣講他可以理解嗎？

多想一下，這是他平常的習慣嗎？

多講一些，自己想要的樣子。

多講一些，希望他能幫我做到的程度。

我個人運用的訣竅是：「把他當成一個嬰兒。」呃……對，嬰兒！

嬰兒就是什麼都不懂，什麼都不會，所以需要你一步一步的跟他說。像是：「媽媽現在要幫你穿衣服唷！來把手舉起來、要先穿右手、好來，手從這個洞裡出來……」的這麼 Step by step。所以如果我要請他幫我洗衣服的話，我就會說：「請幫我把衣服拿去洗一下，深色和淺色的要分開，今天先洗淺色的就好，啊襪子要挑起來不要洗，襯衫用洗衣網裝起來，然後要用全自動那個洗程低溫烘乾喔！」牙～就是這麼 Detail ！

講清楚總比讓對方花時間瞎猜或胡亂做得好，不然搞半天還不是得再重講或自己再做過，反正一開始就多想一下、多講一些，多講幾次之後，要不是他學會了不用再說，不然就是習慣成自然的，每次都用幾個步驟 1、2、3 方便他 Follow，這是我後來發現最省力（且不用凡事自己來）的相處方式（笑）。

也總比把他當成肚子裡的蛔蟲，以為他什麼都知道，結果他什麼都不知道來得好吧！（攤手）

4. 結婚不是愛情的墳墓，小孩才是

我跟 Wii 一開始就決定，結婚以後不要馬上生小孩，希望兩個人能多相處一下（畢竟賭那麼大，兩個人都還不熟就生小孩，萬一賭錯怎麼辦？！噗！）

剛結婚的前兩年都還滿甜蜜的，每天膩在一起，也沒吵過架（畢竟還在談戀愛啊 XDD）還常相約一起洗澡一起刷牙，有時候沒有一起洗澡，甚至會趁鏡子起霧用肥皂水在鏡子上留下甜蜜訊息，給之後洗澡的人一個驚喜，沒一起刷牙的時候，先刷牙的人也會幫另一個人擠好牙膏（啊哈哈哈哈當年真的好夢幻）。

結婚第三年我們才開始嘗試生小孩，很幸運的，很快就成功懷孕，在兩個人期待中的懷孕期間當然也很甜蜜，準爸爸一直都很體貼，直

到小孩出生、虎虎來了！登愣！！新手爸媽整個手忙腳亂，昏頭轉向，所有本來的平衡都亂了方寸……

🌩 ☁ 🌩

因為體恤他白天要上班，所以如果虎虎半夜有動靜，都是我起來照顧。雖然全職媽媽是自己選的，但當時我已經開始創業，白天已經照顧嬰兒整天，每天盼著老公好不容易下班回到家才能稍微鬆口氣，等他帶晚餐回來、換他幫嬰兒洗澡、餵嬰兒喝奶，就醬累呼呼的過了幾個月。

記得某次他跟朋友聚完餐回來，看我又很累的樣子就說：「奇怪，帶小孩怎麼會累啊？我朋友說帶小孩不會累欸！小孩睡就跟著睡、小孩吃就跟著吃，怎麼會這麼累啊？！而且妳看妳一直喊累，小孩睡的時候又不休息，都在上網還熬夜，當然會更累啊！」

<mark>噗！一秒惹火媽媽就這幾句吧！</mark>

不過當下雖然內心噴火，也只是很平靜的說，因為小孩睡了我才能工作啊，而且小孩是吃母奶，他吃飽了，我又還沒得吃……然後就默

默轉身傳訊答應跟奈奈一起去香港參加活動，三天兩夜請 Wii 自己照顧嬰兒看看，反正多説無益，自己體驗就知道！

果然！才第二天 Wii 就投降輸一半的約朋友去吃早餐、下午茶，請朋友幫忙一起顧小孩了！哈！

經過這次他終於能理解，帶小孩是一種根本沒有自由的工作，上班族還可以趁午休的時候放鬆一下，吃點好吃的、喝杯咖啡、跟同事聊聊是非。但全職媽媽根本全年無休，小孩睡了媽媽還有要多事要忙，洗衣服、折衣服、擠奶餵奶洗奶瓶或準備下一頓餐，小孩吃飯的時候媽媽也沒空吃，小孩吃飽媽媽更沒空吃，在完全沒有幫手的情況下，什麼跟小孩一起作息就不會累的説法，除非是已經很有經驗的媽媽很能 Take easy，或家有保母幫手，不然根本就是沒有自己帶過小孩的人的想像。

更別説趁孩子睡了才能滑滑手機、上上網，這已經是我們僅存的跟這世界接頭、保持聯繫的唯一方式，每天跟不會表達的嬰兒相處一整天已經夠辛苦了，連最後一點汲取新知（購物新知 XDD）的管道都得放棄也太悲情⋯⋯

總之，自從那次（鼓起勇氣）放給 Wii 自己跟嬰兒在家獨處三天兩夜之後，他就再也沒説過「在家帶小孩怎麼會累咧」這種沒心沒肝的話了！

深深覺得，婚姻根本不是愛情的墳墓，孩子才是！（遠目）

有了孩子以後的人生真的大不同，對我這射手媽來説，最不適應的就是不自由，時間不是自己的，想做什麼事都得看嬰兒臉色，再也不能隨心所欲。

就算我已經算相對輕鬆，身邊有後援有幫手可以託付，都還是會有種因為睡眠不足，不能隨心所欲的自由選擇而覺得身心俱疲、倦怠無力。然後一累起來就想要對方也能有一樣的感受，我都累成這樣了，你還是可以做自己的事，想去哪就去哪、想做什麼就做什麼，也太不公平了吧！（Wii 表示：其實我也只是去上班而已啊 XDD）

　　只是後來一個轉念，本來就是自己選擇要在這段時間陪著孩子一起成長的，不然大可送去托嬰或是請長輩幫忙，既然選擇要當媽媽、選擇要自己帶，都是自己決定的，那就要甘願做、歡喜受，反正再怎麼辛苦，也都只是一個過程，會過去的。

　　所以與其一邊擔心爸爸不能好好照顧孩子，然後什麼事情都攬在身上，讓自己累死或抱怨爸爸都不幫忙。不如就乾脆點，放手試試，一餐沒有好好吃也不會怎樣，全身髒兮兮也不會怎樣，午睡不好好睡也不會怎樣，就算嬰兒被抱著睡也算了，再調整就好，只要還活著有呼吸就好！哈！

　　畢竟有快樂的媽媽，才有快樂的孩子，才有快樂的家庭，懂得適時的放手比什麼都要控制來得更有智慧，放過自己比什麼都重要。

But！（人生最重要就是這個 But！）（顯示為學人精 XD）

當然也不能就這樣放任兩個人的感情自生自滅啊！畢竟未來還有好長的日子都還要在墳墓裡過 XDD，山不轉路轉，既然有孩子的生活已成定局，那就試著調整兩個人的相處模式吧！

首先，認清彼此不是現階段最重要的第一順位

傷心的去懷念以前他都會怎樣、現在結婚生小孩以後就變怎樣怎樣……當然可以，但對於好好相處並沒有幫助，只會讓自己陷入自怨自艾或是猜忌指責的漩渦。反正老實說，孩子還小的時候，我們當媽媽的也很容易就把孩子放在第一位，那醬其實也算某一種公平，彼此都是對方最愛的 No.1.5！

製造兩個人單獨相處的時間

有了孩子以後，醒著在家的時間可能都被孩子填滿，很難有兩個人單獨相處的時間，然後又會因為被柴米油鹽醬醋茶之類的家事綁架，久了就容易忘了，他其實還是當初那個讓妳心儀的人……

所以要想辦法擠出一些只有兩個人的時間，可以一起看部片、一起

吃頓飯、一起洗個澡、一起去散步，甚至最好可以一起出個國，可以好好牽手、可以好好講話、好好的暫時讓生活回到只有彼此的時候。

　　畢竟有小孩在真的很容易擦槍走火（咦？是醬用的嗎？）有次我們帶小孩去看醫生，我抱著小孩站在路邊等他開車過來，然後我眼睜睜看著他邊講電話邊開過頭，火馬上上來。小孩生病就已經夠難過了，你還不專心好好開車趕快載我們回家。但他就覺得，我是在講電話處理事情啊，又不是在聊天。我不是為了我自己，他也不是為了他自己，雖然彼此都是身不由己，但當下就會有很多「嘖嘖，不舒爽」的感覺。所以如果可以暫時拋開為人父母的身分，重溫只有兩個人的時光，也許又會突然發現，他其實還是當初那個體貼的他，妳也還是當初那個可愛的妳。

雖然有了孩子，夫妻關係還是很需要好好維持，想辦法製造機會，重溫蜜月心情！讓兩個人獨處吧，放假的時候就算各自滑手機也是種解壓 XDDD

還有一個很重要的，就是每天都要找機會肌膚之親！

當然不是每天來個床尾合那麼青春，都幾歲了拜託（擦汗），我說的只是早上出門前的擁抱、睡前的晚安親親、出門時候牽一下手、找到機會偷抱一下，養成有機會相親相愛就不要放過的習慣。

阿 Wii 這點就做得很好，我不知道他以前是不是這樣，還是跟我在一起之後，我們會很自然而然的跟對方說 Love you。他就算先睡，也會在我躺平後把我摟過去，平常手牽手、抱在一起的這些動作，都很習慣成自然。

覺得很多時候感情的維繫都是靠這些小動作，讓一觸即發的不爽降到最低。不要說妳不會撒嬌（因為我本來也不會），但這種投懷送抱超簡單的啊，連話都不用說，只要肢體動作就好！哈！

對小孩我們都會時時刻刻表達愛，對自己的枕邊人當然也很需要，不然生活實在太忙碌，一不小心就容易動肝火，還是得隨時補充感情存摺才好。與其坐等對方怎麼都不來抱抱你、摟摟你，乾脆自己貼上去摟摟他、拍拍他的背、摸摸他的手，久而久之，這些小動作也會內化成兩個人之間的小默契（用來和好 XDDD）

啊對！還有就是要適時的 Let it go！

太過拘泥某些原則，去爭論當下誰對誰錯其實沒什麼意義。爭贏了又怎樣，轉身還不是睡同一張床？氣得要命還不是得陪孩子吃飯睡覺洗屁股？噗！想想這些雞毛蒜皮的小事到底是有多重要，讓兩個人氣成那樣到底值不值得？不值得就不要讓自己被影響太久，如果不是什麼吃喝嫖賭、家暴欺騙之類絕不能忍受的事，那麼忍一時風平浪靜、退一步海闊天空（我是誰？我怎麼會講出這種話？）

重點是放過自己，讓自己好過，不用在當下取勝，轉身拿他的牙刷嚕地板即可！（喂～）

5. 但怎麼可能不吵架

是說才剛過完結婚九週年的第二天早上,就因為出門前虎虎一直拖拖拉拉而吵架了(為什麼是因為虎虎吵架?)(其實有小孩之後的吵架都是因為小孩吧!)(噗)

事情是這樣的,約好八點要出門帶虎去看醫生,七點半起床後光是請虎刷牙、穿衣服、喝早餐奶就叫了好幾遍,三催四請的把媽媽的耐心幾乎用光(其實本來也沒很多噗),再加上還有一個啪搭啪搭嬰兒一直走來走去,纏著爸爸纏著哥哥……

等到我八點已經準備好要出門,卻看到虎還在邊看著手機裡的 NBA 比數,邊跟爸爸討論,一時怒火攻心就說:「虎虎你好了沒?該做的事情做完了嗎?怎麼這麼拖拖拉拉而且還在玩手機?!」

虎:因為爸爸剛剛答應要幫我設定手機指紋可是他還沒幫我。
我:虎虎你不要講這種藉口,我要把你手機收起來!
(轉頭看到還躺在懶骨頭上,抱著 U 的 Wii。)

我：你們父子倆每次都這樣拖拖拉拉！！

虎：（動作很快穿鞋子）

Wii：（有點變臉）（用臺語）妳注意一下妳講話的語氣喔！（起身準備出門）

好不容易出了門上了車

我：你幹嘛臉那麼臭？

Wii：我？妳先開始的吧！講話語氣那麼嗆！

我：我哪有？！

Wii：有啊！而且還人身攻擊的說：「每次都這樣。」之前就跟妳說不要那樣講話，妳又來了！

我：我只是覺得就是要出門了，為什麼不一起趕快出門，還那樣拖拖拉拉的，還看電視、看籃球之類的，給孩子有理由拖磨！

Wii：但可以那樣講話是嗎？

我：好！那我跟你道歉，我剛不應該說你們父子倆怎樣怎樣，但你用那樣的態度和現在在孩子面前這樣兇巴巴我，也讓我覺得很不好，我不想說了！

Wii：我也不想說啊！

之後兩個人陷入一陣長長的、尷尬的、氣呼呼的沉默。重點來了，雖然我們是壓著聲音講話，但虎虎全程都跟我們一起在車上（Orz）。

到了醫院，兩個人依舊一語不發，但很有默契的拿錢拿健保卡，一個人去停車、一個人先帶著虎去掛號。

邊走我問邊虎：虎你剛剛是不是第一次遇到爸爸媽媽在吵架？

虎：嗯！

我：那你會很害怕嗎？（因為我記得小時候聽到爸媽吵架是很害怕又尷尬。）

虎：不會啊！

我：喔！是喔！那你的感覺是什麼？很難過？很尷尬？

虎：（搖頭）

我：難道是很好笑？

虎：（噗哧）（點頭）有點好笑，想說爸爸媽媽到底為什麼要吵架啊？

我：（噗！還不是因為你這個臭小子！！！）喔！爸爸媽媽剛剛就是比較激烈的在溝通啦！抱歉讓你聽到，爸爸媽媽可能都有不對的地方，下次不要再犯就是。

醫院好大、人好多，我們因為初診和滿號的關係，在不同棟大樓間來回走了好幾趟，邊走邊想，他會不會因為生氣把我們母子倆就丟在這啊？（要是我可能就會氣到自己先走 XDDD）但也不想打電話問他在哪。

　　後來就在我們排隊的時候，看到 Wii 走了過來，當下雖然有種如釋重負的感覺，但他臉還是很臭，所以我也沒有多跟他說話。

　　直到我們掛好號要再度走去診間的路上，他看我的包包好像很重，就主動幫我把包拿過去幫我背，我也就順勢空出手來跟他手牽手。（另一手還牽著虎。）

　　就這樣，和解了！噗！沒有灑狗血、沒有哭哭啼啼、沒有大聲謾罵，就這樣惡狠狠的吵了一大架，然後又默默的合好！

　　我想，這就是婚姻吧。（遠目）

6. 關於道歉的逐字稿練習

在因為孩子而進入愛情墳墓之後,我跟 Wii 建立起一個共識,那就是,我們是一個 Team。家不是我一個人的,也不能全都丟給他,我們就是一個 Team,誰都不要當對方的豬隊友!

是説自從結婚,尤其一起工作之後,其實我們每次吵架,大多數都是我先道歉,看不出來吧?!(EX 表示⋯⋯)

Wii 是個很不習慣也不喜歡道歉的人(但誰喜歡 ?! 噗),一方面可能是因為他受過完整的 PM 訓練,PM 的習慣就是很會找原因,一旦出包,千錯萬錯都絕對不是自己的錯,然後他就覺得,我又沒有錯幹嘛道歉。(我忍)

比方説,妳問他為什麼這件褲子脫下來就丟在地上沒有收好?他可能會説那是因為怎樣怎樣所以不能怪他、不關他的事、他等下會弄⋯⋯之類之類,總之就是不會先承認自己不對或直接付出行動。(我再忍)

但其實我就只是想要你說一句，啊拍謝我忘了，然後搭配趕快走過來收起來的動作就好啊！

對我來說，道歉沒什麼難的，我們每天在外面走跳，時不時都要跟人家道歉，也不會因為道歉就折損了自己什麼，認錯不完全是對錯的問題，也不是什麼原則的問題，有時候就只是想解決事情，讓事情能夠繼續 Move on。

以前這種摩擦會讓我覺得很抓狂，但後來仔細想想，可能我們女生的習慣和男生真的大不同，男生自尊心強又好面子，再加上他一路被訓練的都是去抓錯誤而不是承認錯誤，更沒有主動認錯的習慣。既然結婚前就決定我不要吵吵鬧鬧的婚姻，不要因為小事讓彼此陷入僵持不下的爭端，不如轉個念，既然你不會，那我們就一起來練習吧！

所以後來又遇到這種我覺得是他的疏忽，但他又滿身刺的在想要怎麼脫罪的時候，我就會先跟他說：「其實我沒有要你承認你有錯，你不用道歉，我沒有針對你，也沒有要你低聲下氣，我只是想要你聽我說。」（鬆懈他的防衛本能）等我說完，看他沒有生氣，表示他自己也知道有點理虧，我就也很誠懇的說：「其實下次你只要說：『不好意思我忘了放回去，我下次會記得。』就好，我只是想知道你知道了就好。」

漸漸的，他開始發現原來他放軟姿態不代表認輸，也沒想像中難跨越，接受的程度就越來越高。然後再慢慢練習，進階到學習道歉，真的是逐字稿喔！

我：我覺得你剛那樣讓我很難過，我覺得你應該要跟我道歉！

Wii：喔！那妳想要我怎樣？

我：你可以說：「很抱歉讓妳今天這樣難過，我下次盡量不會這樣。」

Wii：「很抱歉讓妳今天這樣難過，我下次盡量不會這樣。」

我：嗯！我覺得好多了。

這練習絕對是要見好就收，對方一道歉最好就馬上接受、給予正向肯定。尤其忌諱打蛇隨棍上，人家都道歉了還趁勝追擊的說些：「對啊！就是你不對啊！你每次都怎樣怎樣⋯⋯」之類挑釁的話，100% 會吵起來！哈！

練習要見好就收，對方一道歉最好就馬上接受、給予正向肯定。:D

再加上後來我們發現虎虎也是很不道歉的孩子，也會找一些理由就是不想說對不起，我就跟 Wii 說，小孩都是在學我們，你跟兒子吵架也不道歉，他就會學你。Wii 會說，我幹嘛要道歉，我不要啊！明明是他怎樣怎樣⋯⋯

但我們做爸媽的怎麼可能永遠都沒錯，錯的時候就是要道歉，以身作則的讓孩子知道做錯事沒關係，只要誠意道歉，下次不要再犯，至少要知道自己有錯，絕不能千錯萬錯都是別人的錯。

　　然後又是一次次的逐字稿練習，當然，還是免不了有爸爸的自尊，但已經進展到他自己會跟虎說：「虎虎，搜哩囉，但你知道爸爸還是愛你的吧。」（這算什麼道歉啦 XD）

　　總之練習越來越多次後，他從一開始很沒誠意的只會説那 sorry 囉（搜哩咧！？是在找架吵吧！噗！）一直到現在，他比較會主動道歉了，我又再繼續逐字稿的進階版。

我：我覺得你今天對我的態度真的很不ＯＫ耶，只是説搜哩我覺得有點不夠。

Wii：那妳還要怎樣？

我：（還要怎樣？！是你先怎樣吧！！！喔不！要先忍住氣。）我覺得你要過來拍拍我、摟著我、摸摸我的背，然後説不好意思我下次不會了，我才會覺得有被安慰。

Wii：噢！（挪步過來摟著我肩膀、摸摸我的背）搜哩啦！我下次盡量不會再這樣了！

我：好啦！（抱）

　　所以各位太太呀，家裡的男隊友真的是缺乏練習，而不是真的想氣死妳啊 XDD

　　我覺得夫妻之間的相處不該計較輸贏，道歉也不代表輸了。對我來說，願意先低頭示弱是因為愛，我希望我們能繼續好好走下去，就像可以讓彼此愉快相處的小程式，說了抱歉、想了解決辦法、許了不再犯的承諾，然後希望彼此都要放下這件事，接著繼續牽著手走下去。

有次跟姊妹聊到這件事。她：難道不會覺得妳明明沒有錯，為什麼要先道歉嗎？

我：不會啊，有差嗎？道歉又不會少一塊肉，說不定還會讓他覺得妳怎麼先道歉了而反省自己啊。而且明天睡醒也都還要繼續走下去的話，那我覺得能道歉就道歉，沒關係呀～

她：那妳以前談戀愛有在道歉嗎？

我：道什麼歉，我誰？我有必要道歉嗎我？

她：哈哈哈哈哈（恍然大悟！）

　　反正結了婚就要學會面對現實，然後找解決的方法，突破他、克服他，我很務實的！

7. 和我們家枕邊人的相處之道

這篇是之前寫在部落格裡的文章，覺得很有意義，應該要被收進書裡 XDDD，所以摘錄增減放在這邊：

相處了近十年後，我想我終於好像懂了些什麼（也花太久時間了吧！哈！）

知道對方在意的點不要去碰觸

這點有點難，像 Wii 不喜歡我對他動手動腳，但有時難免一時激動拍了他的肚子或是手臂，這時他就會臭臉說妳不是答應過我了……只好立馬環抱上去說好啦下次不敢了 XDDDDD

他也是一個很愛面子的人（應該大部分的老公都是吧），於是只有兩個人的時候很可以溝通的話題，有朋友在或是在孩子面前就完全是條死路（而且還是臉很臭的死路 XDDD）總之，不在外人面前提醒或讓他覺得有被冒犯的感覺，會比較容易事半功倍的達到希望他改進的目標。

不要把枕邊人當父母

這是這一兩年來朝夕相處後的體認，因為枕邊人其實是比父母還更親暱、要走一輩子的人，所以相處久了也會因為特別的依賴，難免用以前對父母的模式來對待。譬如我就會一直覺得，我爸是全世界最愛我的男人，然後也會投射在 Wii 身上，期待他會愛我疼我寵我，就算我發脾氣也都會無條件原諒我之類的……但其實不是，不是 Wii 不夠愛我疼我寵我，而是他就不是我爸。再說兩個人來自不同的原生家庭，要他無條件忍讓原諒，其實對彼此來說都不可能，也犧牲太多。

體認到這點之後，就不會理所當然的予取予求，或覺得對方的包容應該無限度，我們當然可以在最親愛的人面前自在做自己，但不要真的那麼極致的做自己就是 XDDDD

把對方的爸媽當 VIP

承上題，也是因為對自己家人就會比較隨意放鬆（或放肆，噗！）所以我覺得跟對方爸媽相處，其實不是應該把他們當作自家人，而是要當成 VIP。

相處十年，漸漸變得更有默契了。

練習表達溝通

　　兩個三十年來都在不同環境背景下成長的人，邏輯、思考模式、說話方式一定都不同，我覺得很正常的溝通方式可能會讓他覺得也太不客氣，而他習慣的表達方式可能會讓我覺得是到底有沒有要溝通？！所以現在我們會練習用建議的方式跟對方說，如果怎麼說可能會比較好，如果怎麼做可能會比較適當……不讓對方摸索，更能達到彼此的期待。

找到可以溝通的媒介

　　我們有找到適合我們的模式是用 Line，他打字很快，我說話很快。如果用說的，可能我已經說完三件事，但他還在第一件事糾結，所以如果要討論比較需要詳細表述的事件的話，用打字溝通的效果比較剛好，剛好可以讓他把想法講清楚，也讓我能多想一下，再把訊息送出去。（減少悲劇，噗！）

假裝沒有明天

這招還滿有用的，算是我個人的大絕招分享（噗），就是不管再怎麼惱怒，只要讓自己想像，萬一明天就沒有他的話⋯⋯喔～那不管發生什麼事情都可以過得去、沒有什麼不能原諒，也沒有什麼事情大不了的！

結論：伴侶相處真的好需要經營（噗！誰不知道啦？！）

番外篇
暖暖包本人眼中的 CPU

大家好，我是 Wii，來自後山臺東，某次高中暑假上臺北，驚覺火車站前等紅燈的路人這麼多後，就下定決心要上臺北念書，結果不僅如此，沒想到後來還娶了臺北女孩。

剛認識水某的時候，最主要被她的美貌外表吸引（不然咧）（是東區女孩欸）。她的個性很好相處，所以交友也非常廣闊，常常會有飯局聚餐，可以預期的，追求者也是相當踴躍。由於工程師常被發好人卡，所以我刻意避開熱門時段（例如週末或是星期五晚上），反而選擇週一到四晚上的宵夜時段邀約，因此多了些機會可以跟水某談心。原以為水某會是個嬌嬌女、被寵壞的女孩，但後來私下觀察水某，發現她是個照顧家人、孝順的好孩子。雖然記憶力不佳、常鬧烏龍搞笑，但卻是個樂天開朗的好女孩，堪稱是極品（摸下巴）。

由於從原生家庭到學校教育的訓練，所以我是個非常理性、很喜歡規畫的人，但她個性卻是喜好自由、從來不做規畫。加上從認識到要結婚不到一年的時間，能遇到的狀況很有限，所以婚後常常需要很多溝通，重新建立新的相處模式，直到水某創業後，讓我又看到不一樣的她。

她對工作總是充滿熱情，非常投入，也樂於分享。對於商品形象的堅持，能因為一個小色塊的顏色去反反覆覆調整數十次。身為母親，對兒女的照顧也是親力親為，我也深深佩服她對兒女教養的耐心。即使工作疲累，還是滿懷笑容和兒子談論每天的日常。兒子調皮搗蛋時，

當下我火山已經即將爆發，但水某還是用最大的耐心去矯正兒子，我有時會跟朋友開玩笑說：「當水某的小孩真不錯，因為她把所有的耐心都用在孩子的身上了。」

一般媽媽在創業初期會遇到課題之一，可能都是如何分配時間。既要留時間給家庭，也需要拚命的開源找機會。但就我近身觀察水某，她的訣竅就是用新鮮的肝來換，她白天工作時會議電話訊息沒停過，下課又趕著接送孩子吃飯陪伴，晚上大家都休息之後，她再工作趕稿Po文章，這種拚勁和毅力，是當初認識她的時候想都沒想過的。

這一路上兩個人的相處，還有另一個點也讓我覺得她 EQ 很高。就是極度怕麻煩不愛做瑣事的水某雖然不是很有耐心，但是在面對家庭與婚姻上，她總是願意花最多的時間去溝通，Family First 一直是水某掛在嘴上，並且身體力行的理念。也是因為她，我才體會到這是經營家庭不變的法則，很感謝她這異於常人的堅持。

最後寫給水某，我們的婚姻即將滿十年了。謝謝妳所付出的一切，我們會一起努力變成更好的人，一起牽手到老。

我愛妳。　　　　　　　　　　　　　　William

Part 3

U 虎報到！
你們是我最珍貴的禮物

可以跌倒但不能被打倒

1. 第一個小孩照書養

懷虎的時候很順利，那時候才剛寫完那篇現在看起來實在很阿達、根本不知當爸媽疾苦的文章「十個要生和不生的理由」之後就懷孕了。那時候的工作相對輕鬆，生活也很穩定，常常就是逛街等 Wii 下班，沒有什麼太困難或太嚴峻的挑戰，心情通常都很 Peace，吃的也很健康很簡單。我本來就是吃得很簡單的人，因為懷孕就又更在意這個概念，盡量吃食物的原型、不要太多加工精緻食物、能有機就有機，執行得更徹底。

從懷孕開始我就決定要自己帶小孩，想説醬可能可以跟嬰兒比較熟XDDD，虎算是滿好帶的那種小孩，情緒很穩定，狀況也不多。他讓我感受到育兒生活中的很多感動，那種感動不是説喔他會走路了、他會笑了就心花怒放狂拍一百張照片的那種，畢竟我不是浪漫派的媽媽。

而是那種我餵他吃副食品的時候（第一胎嘛，都會很用心準備很營養但看起來很噁爛的食物泥），不管餵他什麼，他都會啪搭啪搭吃得很高興的時候，我就覺得，哇，有一個人是這樣全然的相信妳耶！他

全然相信妳給他的任何東西都是好的，叫他做什麼他就會去做，就算是屎，他也會⋯⋯（噗！我沒有我開玩笑而已）那種生命共同體的感覺，讓我很深刻的感受到父母之於孩子的責任。

以前覺得自己很沒耐性，小孩可能會被我吊在牆上打 XDDD，但真的有了小孩之後，才發現自己的耐心竟然可以無限大。孩子就像一張純潔無瑕的畫布，任何的學習都是從零開始，每一天都有新的變化、每一天都在成長，而我們當爸媽的也是每一天都在學習怎麼當爸媽。

生虎虎的時候因為完全沒經驗又不想道聽途說，所以很認真的看了超多書。各種不同流派都有，百歲的、親密的，全部都先讀完，然後才選了適合自己也適合虎虎個性的育兒方式。虎虎需要規律作息，我也需要他規律休息好讓我能安排自己的事，所以比較偏向百歲派的方式，讓虎每天按照作息表活動休息，而且作息表寫得超細的！（哈）

這是九個月時候的作息表。（覺得懷念欸）

🐷 8:00 吃早餐（親餵 or 瓶餵 200ml）

提早醒來會自己在床上玩，若哭鬧的話，等不哭的時候再進去查看尿布，換好尿布就放回床上，盡量拖到早餐時間才餵。時間不到不要

抱離小床，若真的一直哭鬧沒辦法安撫，還是要先退出房間，盡量等哭聲停的時候或至少等兩分鐘後再進房，拉開窗簾說：早安、現在要起床吃飯囉！

🐷 8:30~9:00 早晨的導覽（走逛、聽音樂、簡單運動、床上地板玩）

🐷 9:00~9:15 進房準備睡覺

開始想睡覺的樣子：眼睛發直、揉耳朵、轉頭、反應變慢、抱起來頭往胸口撞。在想睡未睡前放成趴睡，放下去睡前頭會轉來轉去、手抓耳朵、發出啊啊啊或是嗚嗚的聲音，但眼睛都是閉著的，就是有累需要休息，可以稍微拍揉背，但不要拍揉到睡著。（可以在床上看旋轉鈴培養睡意。）

作息表寫得超詳細的啊！簡直當簡報在做，哈哈。

☁ 9:30~11:00 睡 1.5 小時（可多不可少，睡滿才會心情好）

　　要盡量睡滿，最少也要 1.5 小時，萬一中途醒來，輕輕的進房查看，如果是翻成正面醒來，安靜的幫他翻身讓他繼續睡，可以稍微拍拍、揉揉，讓他再睡著，但盡量不要抱離小床、也不要抱離房間，眼睛閉著哭＋一直揉耳朵＋轉頭換邊的樣子，就是還沒睡飽，有睡飽醒來會笑笑的。

☁ 12:00 吃午餐

　　吃副食品，準備 300ml，可以吃到 250ml，餵到開始分心不好好吃的時候就收起來，比「吃完了」的手勢說不吃了，全部吃完比「飽飽」的手勢。

☁ 12:30~13:30 玩耍時間

☁ 13:30~13:45 進房（準備睡覺、換完尿布、拉窗簾，音樂按旋轉鈴第一個）

☁ 13:45~16:00 午覺

　　一定要盡量睡滿，最少也要 1.5 小時，可以抱抱摟摟拍拍，但要在想睡未睡著前放上床，拍揉背不要拍揉到睡著，放裝白開水的奶瓶安撫用。萬一中途醒來，輕輕的進房查看，可以稍微拍拍、揉揉，讓他再睡著，

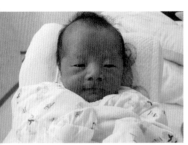

但盡量不要抱離小床，也不要抱離房間，眼睛閉著哭＋一直揉耳朵＋轉頭換邊的樣子，就是還沒睡飽，有睡飽醒來會笑笑的

☁ 17:00~17:30 吃午晚餐

　　吃副食品，準備 300ml，可以吃到 250ml，餵到開始分心不好好吃的時候就收起來，比「吃完了」的手勢說不吃了，全部吃完比「飽飽」的手勢。

☁ 17:30~18:00 玩耍活動時間

☁ 18:00~18:30 可短暫小睡

視當日早午段小睡情況而定，如果有眼睛發直、揉耳朵，抱起來頭往胸口撞之類的樣子就是有點累了，可以小睡一下。

◎萬一超過 18:30 就不讓他睡了，怕影響到等下七點半八點的睡眠。

19:00~19:15 洗澡

19:30~19:45 吃晚餐（瓶餵配方奶 180ml）（開小燈不要餵到睡著）

19:45~20:00 床邊輕柔活動（拍嗝、說說話唱唱歌、按按手腳）

20:00　　睡大覺開始

哈哈哈哈哈真的寫得好詳細，而且不只是作息，還寫了關於各種不同狀況題的錦囊妙計：

🌤 想睡覺的時候歡歡會先不苟言笑

眼睛發直、揉耳朵、轉頭、反應變慢、抱起來頭往胸口撞，在想睡未睡前放成趴睡，放下去睡前頭會轉來轉去、手抓耳朵、發出啊啊啊或是嗚嗚的聲音，但眼睛都是閉著的，就是有累需要休息，可以帶進房間、燈光暗一點減少刺激、放在床上給裝水的奶瓶安撫，或是看時間提前小睡。（但如果都有按照作息，會比較少發生。）

🌤 上、下午小睡的時候

放下去可能會哭一下，可以給裝白開水的奶瓶安撫用，確認過沒有問題（尿布、脹氣）後，稍微讓他哭一下沒關係，人在他床邊會哭得更厲害，離開房間、看監視器，哭超過十分鐘再進去確認尿布，OK 的話，幫他躺好拍拍就離開，然後萬一還在哭，就再等十分鐘再進去、再等十五分鐘再進去。

◎ 萬一睡不到一個小時或一個小時就醒來，一定要讓他再繼續睡，用監視器看到他趴著哭哭叫轉頭的話，就還會再自己睡著，哭超過十

分鐘再進去查看，可以用嬰兒按摩手法，揉揉他的手、腿、腳、背、屁股，或拿塑膠小奶瓶裝白開水給他安撫用。

◎ 盡量不要抱離小床，也不要抱離房間，眼睛閉著哭＋一直揉耳朵＋轉頭換邊的樣子就是還沒睡飽，有睡飽醒來是笑笑的。

早上提早睡醒的處理方式

哭聲停止的時候再進房、查看尿布，無論如何不餵奶，稍微讓他哭一下沒關係，人在他床邊可能會哭得更厲害，離開房間、看監視器，哭超過十分鐘再進去確認尿布，OK 的話，幫他躺好拍拍就離開，然後萬一還在哭，就再等十分鐘再進去、再等十五分鐘再進去。

半夜睡一半大哭的處理方式

等 3~5 分鐘，沒有趨緩的話再安靜的進房確認（尿布或吐奶），該睡覺時間內盡量在床上處理，處理好就離開床邊，不要有視線的交集、不要說話、不要逗他，不然他會以為可以不睡覺起來玩，或是用哭叫看大人的反應。

吃飯的規矩

◎ 吃飯前、兩餐之間不吃點心、餅乾、零食、水果、果汁（只能喝水）
◎ 固定座位：餐搖椅（桌面拿掉）

◎ 固定位置：在餐桌區吃飯

◎ 不因為他哭鬧、大叫或拍桌子就趕快餵他，要跟他說：虎虎你要說「還要」（比還要的手勢）盡量在他哭叫、拍打的時候不餵，靜下來再餵。

☁ 平常的規矩

◎ 如果攀爬尿布檯、抓尿布和紙巾加熱器、拉抽屜，想扶推車、餐搖椅站起來，或是摸、抓、不 OK 的東西（摸插座、拉抽屜、吃電線……）要跟他說，不可以玩這個、這個不是玩具，你可以玩這個。（把他抱離，拿別的玩具給他。）

◎ 如果是抓遙控器、眼鏡、手機、眼鏡盒，或是摸、抓、拿不 OK 不是玩具的東西，也要跟他說不可以玩這個、這個不是玩具，你可以玩這個。（把他抱離，拿別的玩具給他。）

◎ 抓大人的臉、頭髮、眼鏡、飾品，也要跟他說不可以、這不是玩具……

◎ 不可以爬進廚房，在門口準備要爬進去的時候，就要跟他說，No No 不可以進來喔，這裡是廚房，危險，在門口等，好乖。

以上的所有都可能會要重複很多次，從十分鐘到持續耗個一小時、

從一次兩次到十次都有可能，要有恆心有耐心，要溫柔的堅持！

雖然這是當初為了寫給偶爾會跟我換手的 Wii 和偶爾會來幫忙照顧嬰兒的爺奶外婆的虎虎說明書（咦），希望不管是誰在照顧嬰兒都可以有一致的態度和方法，讓嬰兒不會需要一直去適應跟不同對象的相處模式，這樣嬰兒會比較有安全感，主要帶的人（我）也比較能去釐清和分辨嬰兒真正的需求。

為了要堅持自己訂下的原則，不只是得一步一腳印，很有耐心的認真執行，還要忍住不被當下可能比較輕鬆的方式誘惑而屈服，這之間天人交戰的拉鋸過程實在很煎熬。

譬如冬天大半夜裡，嬰兒哭醒要去探視或餵奶的時候，就覺得我幹嘛這麼辛苦，抱過來一起躺著，邊睡邊餵多溫馨啊！或是為了讓嬰兒練習自己入睡，放嬰兒自己在床上哭，雖然是從三分鐘、五分鐘、十分鐘、十五分鐘的漸進式拉長，但我們也是咬著牙在房門外，如坐針氈的計時，逼逼一響就馬上衝進去抱起來哄一哄說一說話，然後再退出來繼續練習（咬毛巾），還好虎算好相處，沒有折磨我們太久，一下就很規律的適應了。（虎：到底是誰在折磨誰？！）

事過境遷，現在回頭看還是覺得某些堅持是好的，雖然一開始比較辛苦，但建立起好習慣之後的相處反而比較輕鬆！

　　分房睡比較不會互相干擾，讓嬰兒和爹娘都能各自好好睡覺、養精蓄銳，雖然後來虎大了反而需要陪睡也覺得甜蜜，隔天不用上課的晚上來爸媽房間打地鋪，也變成我們之間特有的溫馨時光。

　　堅持吃飯要坐好吃才不用追著小孩餵飯，吃飯有規矩的小孩帶出門比較可以一起吃飯，好好吃飯的小孩和大人心情都會比較好。

　　不因孩子無理取鬧的哭鬧而改變態度，能讓小孩從小就理解爸媽是不受威脅的！（咦）

　　總之，孩子有規矩，媽媽就輕鬆，媽媽輕鬆就會開心，媽媽開心全家開心。（噗）

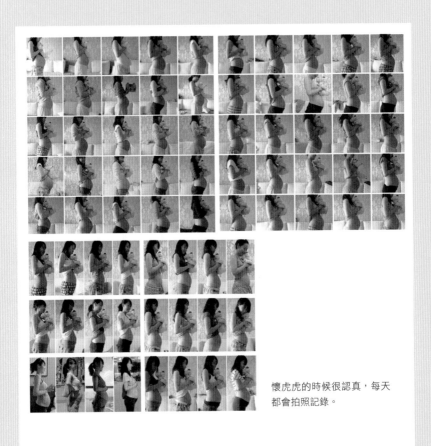

懷虎虎的時候很認真，每天
都會拍照記錄。

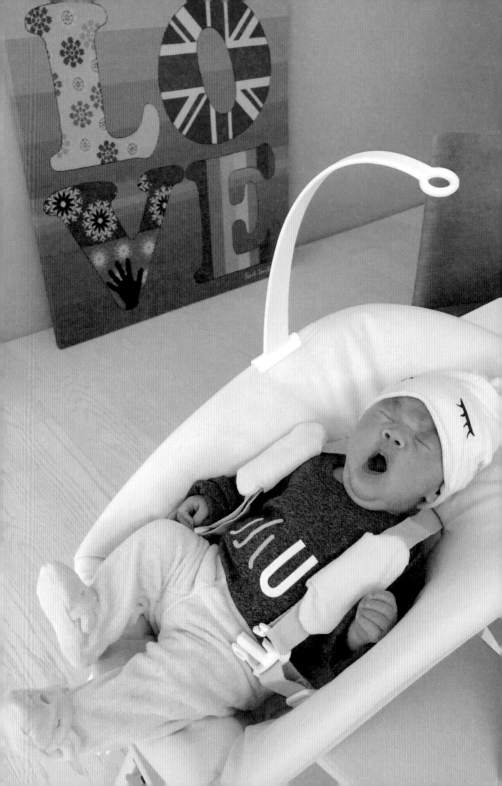

2. 得來不易的 U

　　決定生小孩之後就打算要生兩個，想說這樣才有伴，但生完第一個之後就打消主意（因為整個被累到嚇壞！哈）。直到乾媽離開、陪乾弟一起送乾媽最後一程的時候，又突然覺得還是生兩個好了，醬才能一個人抱骨灰一個人撐傘，不然光是想到虎虎一個人面對至親離開已經很孤單難過了，還要那麼忙（咦）就很不忍心⋯⋯

　　不過因為我不想兩個小孩年齡很接近（雖然大人說近一點一起累完就好，但想到我的人生會一晃眼唏哩呼嚕五年過去，實在有點恐怖）。但也不想差到六歲（到底是什麼症頭？）就想要差個四歲頂多五歲，這樣才可以先好好的陪老大長大到可以溝通、可以討論、可以一起期待新成員加入。

　　所以從虎滿三歲以後我們才開始順其自然，想不到順其自然了一年都沒消沒息，本來也想說生不出來就算啦、沒有女兒命就算啦，反正我們一家三口的生活好不容易才越來越平衡，要不就安於現狀的一個小孩就好，沒女兒頂多也只是有一點小遺憾，人生嘛～也許就是不能盡如人意啊！（遠目）

結果，有次在跟虎聊天……

我：虎你想要有弟弟妹妹嗎？

虎：想要呀！（一派輕鬆繼續玩）

我：那你想要弟弟還是妹妹？

虎：想要很多隻弟弟和妹妹。

我：（笑）弟弟妹妹是用隻算的嗎？

虎：是呀！（認真）

我：是「個」啦！虎虎你想要有一個弟弟還是一個妹妹？

虎：都要！要弟弟也要妹妹一起！

我：（驚）那要生很多次才行欸！分兩次可以嗎？

虎：可以。

我：那你想要先弟弟還是先妹妹？

虎：妹妹（肯定）然後弟弟。

我：哇～這麼巧，我也是耶！！（我是指要妹妹的部分 XDDD）

順便繼續跟他心理建設……

我：虎虎媽咪很愛你，可是妹妹或弟弟一開始還是小北鼻的時候，還

不會像虎虎一樣自己去上廁所、自己吃東西，媽媽可能會要忙著照顧他，但媽咪還是很愛你的。

虎：我幫你一起照顧他。

我：可是妹妹或弟弟一開始來的時候是小北鼻，還要一下下，要一歲多像飛飛弟弟那樣，會自己坐自己走的時候才比較可以陪虎虎玩唷……

虎：沒關係！我會忍耐！（他的意思是等待）

　尬的！也太感動！！！

　於是為了虎，我牙一咬，開始了長達一年多的積極求子路。（誰想得到，生第二胎的壓力竟然來自於第一胎！）（攤手）

　只是我雖然聲稱要繼續努力，但喜舖正在衝衝衝的拓展海外市場，實在好忙（中間還特地算危險期避開 XDD）連續飛個不停（算了算那年竟然飛了十二趟！）直到十月才又想起來……娃！小羊妹還沒來欸（不然哩～忙成醬！是要人家怎樣來啦！）

為了虎虎，就再拚一個妹妹吧！

才一轉眼就只剩下幾個月了（我們真的很想要小羊妹），時間有限，所以直接去看不孕症門診（以示決心），醫生開了排卵針要我們回家自己打，打了五天回診後繼續再打三針，總共要打八針，再加一針破卵針。但我們隔天就要飛去日本出差，雖然有盡量讓行程輕鬆，但還是捧著超漲的肚子、腰酸得要命，結果想當然也是沒中⋯⋯

沒中之後發現原來很烏龍看錯醫院，既然剛好沒中（還剛好咧～被Wii 白眼）就換去本來要去的那間專門看不孕症的診所，這次我跟Wii都有再次檢查，基本上都正常健康，只是醫生說因為上一個療程過度刺激卵巢，有點腹積水，所以就先讓卵巢休息，不做任何治療，叫我們自己試試，剛好又遇到連續出差，雖然用了排卵試紙，但還是沒中。

十二月中的月經週期，我們再次進行比較積極的排卵針療程⋯⋯然後元旦假期我們去做了IUI 人工授精，但搭配上我從生日那週開始的狂咳一個月⋯⋯沒中。

雖說咳成那樣沒中也是意料中事，不過在等待的兩週裡，我有認真的檢討了一下，覺得自己之前口口聲聲說好啊要生要生，但其實根本只是嘴上說說，我的心理、身體，都沒有為這件事多去努力些什麼，

譬如早睡多休息、多照顧自己身體準備懷孕之類的事，都會因為有別的更重要的事情而被犧牲，我的行程、我的生活也沒有為了想要生小孩而去調整，完全沒有因為做了療程後就減少工作量，第一次吃排卵藥做功課那週，還剛好遇到世貿婦嬰展連站四天、搬東搬西、整年都飛來飛去……

其實沒準備好的人是我，我還是害怕已經平衡的生活，會因為再一次被擠奶、餵奶、換尿布等瑣事填滿空檔，變得不自由……

心也要做好準備

在去新竹出差的路上，我一邊走路一邊檢討，然後摸著肚子跟老天爺喊話說，我會改、我願意改！畢竟人家 IUI 術後的注意事項上的每一樣都是我超常在做的：不要跑、不要跳、不要提重物、不要喝咖啡、茶等刺激性食物、不要泡溫泉、不要熱敷、不要按摩，我整個人的人格特質也太不容易懷孕了！噗！

然後安慰自己再休息一下，反正我們已經很幸運的擁有一個寶貝，所以就算沒有再懷孕也沒關係（之前驗了沒中，也因為要看施工現場，所以馬上很釋懷的爬高爬低。）總之，至少我已經問心無愧的努力過，

虎虎很期待肚子裡的妹妹
來到我們家。

也有練習走路比較慢、比較早睡、不要提重物、不要跳來跳去……所以其他就順其自然吧！

就在試過三次人工都沒 Landing 之後，我和 Wii 討論，設了一個停損點，如果最後一次 MC 在 4/30 前來，那就還來得及生出羊寶寶，我們就再試一次！（好執著要生屬羊的 XDDD）

結果 MC 在 4/29 晚上來了，既然是個 Sign，那我們就直接攻頂，做試管並且加做 PGS 基因檢測（注）提高成功機率！

試管果然真的像網路寫的那麼恐怖（噗），每一次的回診都要抽血、都要打針（還不止一針），本來還很謝謝醫生幫我開長效型排卵針，不用像之前天天早上都要打，但也就只少了那麼兩三針而已（哭），針多到我根本不記得打了什麼……

Wii 幫我打針，那陣子打的針多到我都不記得打過什麼。

取卵的這天，要特別禁食八小時，然後一大早報到，果然也像網路寫的那樣，因為麻醉而沒太大感覺，完成後就領了藥回家服用。

　　第二天開始覺得不舒服，不管怎麼站怎麼坐都覺得不舒服，下腹悶脹痛了一整天，本來還以為自己吃壞肚子，然後才想到～啊！我有取卵！查了一下說是會有像經痛般的感覺，噢！原來這就是經痛！每個月都會經痛的女生真的好可憐哪～

　　然後接到診所電話，說我這次一共取了十一顆卵，可以使用的有十顆，成功受精的有七顆，還會繼續觀察……（水喲！不錯不錯，感覺還可以有幾次機會。）

　　第三天依然不舒服的腹脹，網路分享說要多補充高蛋白，我喝完熬雞精、鱸魚精後果然有好一點。再度接到電話，醫院說可以植入晶片挑選 DNA 的只有五顆，另外兩顆發展的比較慢，所以這次就來不及了（可惜！）（因為我們希望可以當期植入，所以第五天就要回診植入。）

　　第四天，診所來電說那五顆植入晶片的受精卵裡只有四顆有反應，但詳細的狀況要等到隔天中午，正式檢驗報告出來後才能確定。

第五天早上回診，醫生說對晶片有反應的四顆裡，只有一顆是正常的受精卵，其他三顆的染色體都有些微異常，就算植入也容易流產，不過之前對晶片沒有反應的那顆受精卵發展的還不錯，可以植入試試，反正如果不是健康的胚胎到時候也會自然淘汰，看要不要這次就直接植入兩顆，多一些機會……

也好，那就植入兩顆，希望能成功！

　　植入後的第一天沒什麼感覺。（隔天還去參加朋友的趴體 XDD）是也沒有一直臥床，但有跟 Wii 說好要讓我多休息，盡量沒事就趕快休息，希望這次可以著床成功。

植入後第三天是個禮拜一，持續腹帳，回診抽血。

　　第四天，開始有一些間歇的腹絞痛，搭配 Always 的腹脹感（很容易放屁，超囧）診所說我的報告 D-Dimer（血栓）過高，要趕快回去拿肝素針，於是我在去診所的路上估狗了肝素，都說超痛，而且還很容易瘀青一片，我整個很驚嚇，領藥的時候還忍不住想討價還價，為什麼別人都兩天一針，而我卻是一天兩針哪！（因為醫生說我的 D-Dimer

很高，如果一直沒有降下來可能會影響著床和胚胎發育。）

　　第五天，依然偶有腹絞痛，搭配 Always 腹脹。第六天，除了腹絞痛和腹脹，早上起床前的腰還超酸。第七天，除了上述毛病外，開始有點容易累。第八天、第九天剛好遇到週末，Wii 爸媽來我們家，讓我好幸福的可以睡到九點！！

　　第十天，禮拜一回診抽血驗孕，好緊張唷～雖然知道有沒有都已經到了這天只能面對，而且也安慰自己說沒有就算了。但想到已經花了那麼多錢跟心力，就讓我在抽完血等開獎的那一個小時裡，完全食不知味……

　　一直到醫生宣布這次的試管著床成功，耶～耶～耶！！！！終於成功 Landing 了（泣）！！！

幸好 UU 終於來報到，打針吃藥的辛苦都值得了啊！

其實不管是人工或是試管植入，整個過程最難熬的除了生理上的不適，像是腹脹（搭配易放屁 XD）、偶爾絞痛、稍微火燒心之外，其實還是心理的感覺，等待開獎前的患得患失、心情起伏，還有吃藥打針讓荷爾蒙不穩定、情緒也不穩定（在這邊要跟陪我度過這段期間的家人朋友及同事們致謝也致歉 XDDD）

然後看到 MC 又來報到就覺得很氣餒，雖然明白懷孕這事就是有很多不可控制的因素，強求不來只能順其自然，但就還是會忍不住檢討，甚至責怪自己是不是有哪裡沒做好，是不是又因為自己的不小心，所以才沒成功……

呼！想懷個孕真的很不容易！

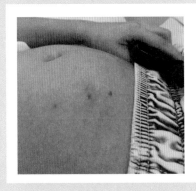

注：我們額外付費做 PGS 基因檢測是希望能更提高成功機率，先確認是健康的胚胎再植入，不然像我的五顆胚胎如果沒有先檢測就植入，可能就得試好幾次才植得到健康的那顆，然後萬一又有其他變數……尬的！光想像就真的好辛苦了啊！（摀臉）

真心覺得女人好偉大，耐力無敵、潛力無限、為了想懷孕付出的代價好大，還沒進入療程之前覺得打針好恐怖，等進入療程之後打針根本只是基本的，然後原本覺得排卵針痛、破卵針痛，結果黃體油針更痛，但又根本比不上肝素的痛，然後每天都還要去報到抽血，運氣好一針 OK，運氣不好的從內手臂到手腕、手背都有可能要挨針，不過挨這些皮肉痛也沒什麼，相較之下，期待落空的失望心痛更讓人難過……

我算是很幸運的，試管一次就能成功，之前去看診還有在部落格上分享後，都認識了好多同樣渴望生子的媽媽們。其中有好多格友都試了好多次卻尚未成功，我光用想的都覺得心疼，當媽媽，以及想當媽媽的大家都真的好勇敢！（抱）

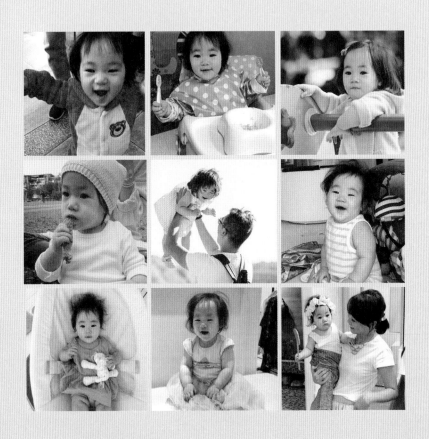

3. 二寶媽的真心話

盼了好久的女兒終於要來了。從還在肚子裡，一知道性別以後，我就常常開玩笑說我們家的女兒不落地！「不好意思，我去廁所，幫我捧一下嬰兒。」噗！掌上明珠有這樣的待遇應該很正常吧！（笑）

期待見面的懷孕過程實在太美好，結果一生出來之後立刻幻滅，根本忙死！

我實在隔了太久沒照顧新生兒，所以完全忘記初期竟然有這麼多繁瑣的事情，擠奶、餵奶、拍嗝、換尿布、陪睡就占了大半的時間，其他還有很多生活上或工作上的事情必須同時進行。

只好趕緊把之前覺得經典的育兒書翻出來，邊看、邊試、邊調整的摸索出一套相處法，是說也沒什麼訣竅，就是老娘跟妳拚了而已！哈！

身為二寶媽，除了照顧新生兒，大寶的需求也不能不顧，根本沒辦法像第一胎那樣凡事講究照規矩來，也沒辦法親密育兒整天掛身上，更不可能細細觀察、記錄嬰兒的每一個變化，完全不像當初剛成為新手爸媽那樣對每一個細節都覺得驚奇。

所謂第二個小孩當豬養，應該就是這個感覺吧！

但也因為是二寶，所以才可以用比較輕鬆的方式看待每一個關卡，知道那些都只是過程，累歸累，卻能夠珍惜每一個當下！（畢竟餵養不難、教養才難啊 XDDD）

就像一部我很愛的電影《About Time》（真愛每一天）最後有段內容就是這樣。當我們初次面對那些充滿挑戰的事時，可能會因為不確定而感到煩躁，但第二次遇到的時候，就可以從容面對、愉快度過。

所以哪有那麼多不可以咧？！

想抱就抱啊！有什麼不可以呢？

想陪睡就陪睡啊！有什麼不可以呢？

想吃吃看大人的食物就吃啊！有什麼不可以呢？

該睡的小睡沒睡到就算了！有什麼不可以呢？

想學大人推嬰兒車就推啊！有什麼不可以呢？

不想穿衣服就不要穿啊！有什麼不可以呢？

想在操場爬就在操場爬啊！有什麼不可以呢？

想吃草就吃草啊！有什麼不可以呢？

反正小孩終究都會長大。（攤手）

可以這樣不顧一切的大笑大哭！

可以肆無忌憚的黏著爸爸媽媽！

可以沒有保留的對人完全信任！

可以毫不扭捏的接受大家的愛！

也就只有這麼幾年了！

讓孩子好好恣意當孩子吧！到底為什麼有那麼多不可以呢？（顯示為豁出去的二寶媽 XDDD）

　　我們自己也可以好好享受這個陪伴的過程，用一種不設限、不大驚小怪的從容態度，來養成一個不怕苦、不怕難、很敢嘗試的土狗公主就是！（喂～）

我想要的小兄妹

記得剛結婚沒多久，有次坐公車經過松山永吉路口，正好看見一對站在路邊等著過馬路的小兄妹。可能是小哥哥緊緊牽著妹妹的那個畫面太美，所以我當下就默默的在心裡許願，如果可以，我也想要一對那樣相親相愛的兄妹（是可以這樣任意許願的嗎？！哈！）

感謝天，雖然經歷了一點小辛苦，但如今，我們家真的有一對相差五歲、相親相愛的小兄妹了。

其實我覺得年齡差多一點也沒什麼不好，就是爸媽累了點，畢竟五年前的記憶已經很模糊，整組重來根本偽新手爸媽！只記得小嬰兒時期的可愛，忘了小嬰兒時期把屎把尿、不能溝通、沒辦法掌控，而且超多細節要照顧的繁瑣。（昏）

但這樣的差距，也才剛好可以讓我們有餘力把大的心理與小的生理都能兼顧好！

畢竟新來的嬰兒只有生理需求，只要吃飽睡飽就好，反正有奶便是娘。但老大已經是個有記憶、有感覺、有情緒的小大人，需要更多的

陪伴和理解來適應家裡因為新成員加入所帶來的改變。

　　我跟 Wii 都是老大，都還記得當年家裡弟弟妹妹出生時那種衝擊的感覺。Wii 跟 Wii 妹差不到兩歲，他說他一直記得妹妹剛出生的時候，他因為一直調皮吵鬧把妹妹弄哭，結果被爸爸關去黑黑的後院，嚇得他大哭說放我進去的那個情境。（哎喲！也太可憐！）（但誰叫你那麼皮！哈！）

　　我跟弟弟相差六歲，弟弟來的時候我正因為早讀剛上小學一年級，明明也很害怕很無助，但家裡的大人因為新生兒忙昏頭，根本無暇照顧我這個小學生的心情。當時最常聽到的話就是：「都長大當姊姊了，就是要懂事一點啊！」「當姊姊的就是要聽話呀！」姊姊就是要怎樣的句法真的好惱人，拜託，我也才六歲好嗎！

　　總之印象中的那段時間，爸媽整天忙工作、忙弟弟，所以我被訓練

得很獨立。有次我放學走天橋回家，竟然看到爸爸站在天橋中央等我。尷的！那個驚喜感動的瞬間，我眼淚都掉下來了，竟然有人來接我放學耶！原來還有人記得我，還有人愛我欸！哈！現在想想是有點誇張了，但那天可能是我那一整個學期裡，最快樂的一天！

等我們都當了爸媽之後，當然就很能理解以前大人的作法與為難，手心手背都是肉，一定一樣都愛、只是方法不同。不過既然現在我們有機會當人家的爸媽、有機會跟著孩子長大一次，那就不想讓老大有那種因為弟妹而被忽略的感覺。

畢竟嬰兒活在媽媽的肚子裡，懷胎十月只有媽媽的感受最深刻，就連爸爸也都是在嬰兒出生之後才開始學做爸爸的，那又怎麼可以要求孩子天生自動就會愛弟弟妹妹呢？

對大寶來說，嬰兒也只是某個新來的陌生人。都是在見面之後才真的開始學做哥哥或姊姊，然而如果一開始就被要求大的一定要讓小的、當哥哥姊姊的就一定要怎樣怎樣，那我想不論是誰，應該都不會開心。

兒子是我們的兒子，女兒是我們的女兒，他們只是兄妹，我們當然希望他們相親相愛、互相陪伴，但並沒有覺得誰是誰的責任、誰一定要照顧誰。在還沒有足夠的感情基礎前，他們需要我們大人的成熟協助，幫助他們互相說好話、互相做公關、互相在他們對彼此的感情存摺裡儲蓄。

當爸媽這件事需要練習，當手足也是需要練習的。

　　所以在我們家不太會說：「虎你要分妹妹啊！妹妹還小，做哥哥的就是要讓妹妹啊⋯⋯」這種哥哥就是要怎樣之類的句子！

　　反而很常說：「哇！哥哥你看妹妹好愛你喔！她一看到你就笑嘻嘻欸！」「喔！對啊！她真的很想跟你玩欸，不然你怕被弄壞的就不要放在他面前喔！」

　　就這樣不躁進、不強迫、不特別要哥哥愛妹妹、不要求禮讓妹妹，我們漸漸看到了一些成效。

　　默默的，虎虎開始會主動說要找小Ｕ、看小Ｕ，小Ｕ在他心中越來越有一個位置，他還說他最愛的就是小Ｕ！哈！再搭配我們時不時會在他對妹妹釋出善意的時候，

哥哥牽你走

大力誇獎他：「哇！好棒喔！你真的是一個很貼心的哥哥欸！」或在妹妹當他的跟屁蟲時猛敲邊鼓說：「你看，妹妹真的好愛你、好崇拜你喔！」之類的灌迷湯公關術！哈！

某次他發現他說三連音的時候可以逗笑小 U，結果那陣子只要他看到小 U 哭哭，就會邊跑過來邊說：「小 U，哥哥來了，『蹦蹦蹦』『蹦碰蹦』『嘟嘟都』」呵，不管有沒有效，媽媽在旁邊都會覺得很感動，原來一直這樣默默的幫他們互相公關，終究還是會有收穫的啊！（淚）

喔對！還有一次 UU 在亂鬧，也沒什麼事就趴在地上哭，我故意沒有馬上抱她，想讓她哭一會。結果根本還沒哭個幾秒，哥哥就心疼的跑過來說：「來，哥哥抱！」噗！有個這麼疼妹妹的哥哥，我都羨慕小 U 了！

Btw，當然他們偶爾還是會吵架，而且也還不太能玩在一起（畢竟將近四十歲的我們都會吵架了，更何況是七歲和兩歲！哈！）但我們還是會持續努力的讓這對小兄妹能繼續相親相愛下去！

要繼續相親相愛下去喔！

4. 自己想要的理想型靠自己創造

記得以前有一句廣告臺詞是這麼說的：「我們都是在當了爸媽以後，才開始學當爸媽的。」

真的！在還沒有小孩之前，我完全沒辦法想像有了孩子的人生竟然會這麼的不同。不同的是有小孩的日子竟然真的這麼累、這麼不自由、時間真的都不是自己的、真的會有這麼多的挑戰和問題一直源源不絕的生出來……前人說的話都不是在開玩笑的。（遠目）

但有多辛苦，就有多愉悅。
跟著孩子一起長大真的是種無與倫比、千金不換的經驗。

能有機會因為當了爸媽而成為自己心中理想的爸媽，是一種救贖；能因為孩子不同階段的挑戰讓自己成為更好的爸媽，更是一種修煉。

小時候遇到爸媽吵架不知道可以跟誰說，只能自己抱著棉被偷哭。上學後鼓起勇氣跟老師說，老師給了我一些可以怎麼跟爸媽說的建議，

興高采烈回到家，話都還沒講完就被罵小孩子怎麼這麼多嘴、家醜不可外揚、怎麼可以把家裡的事情跟外人說巴啦巴啦巴啦……從此，我再也不敢跟別人說家裡的事，但這種不知道爸媽吵架是不是因為自己所引起的害怕情緒，卻再也沒有出口、沒機會排解，也讓我在還不懂事的成長過程中常常覺得很自卑。

我跟 Wii 約定，兩個人有話要好好說，不能因為情緒來了就講話大小聲，更不能在孩子面前吵架爭執，有什麼事兩個人私下說，絕不讓孩子看見爭得面紅耳赤的爸媽。

但約定是約定，偶爾還是會因為太忙、太累而有太多的情緒，太容易有歧見又沒耐性包容，沒辦法時時刻刻都做到心平氣和的不在孩子面前逞口舌之快。

兩個人不開心的時候，其實孩子都知道。有一次，我們三個人在車上討論等下要去哪裡打球，Wii 說去旁邊的公園方便，我覺得那個公園太靠近馬路很危險，去旁邊空地好……就這樣你一言我一語，雖然有保持語氣平和，但講話內容一來一往互不相讓，虎在旁邊靜靜的聽，接著提出一個好點子，我們就順勢聽從虎的建議，化解當下的僵局。

過了一會兒，虎突然問：媽媽妳跟爸爸為什麼要結婚？

我：喔！因為爸爸跟媽媽相愛啊！

虎：那你們相愛為什麼還要講來講去的？

（登愣！竟然被小孩說教！）

我：爸爸跟媽媽剛剛那樣討論的方式你覺得不好，是嗎？

虎：嗯。

（是沒看過真的吵架吧你！）

我：這樣喔，好，媽媽知道了，那媽媽跟爸爸以後會注意，不要再那樣講話。

虎：而且還好我剛才有想到一個好主意，所以你們就不用再講來講去。

（邀功什麼這小子！哈！）

那次之後，我更明確的知道，孩子其實都在觀察，觀察爸媽的情緒、觀察爸媽間的互動，不說不代表沒感覺。想到在我們拌嘴的當下，孩子靜靜在旁等待風暴過去的樣子（可能還搭配無意識的搓手）就覺得心好疼，或許一時的情緒對大人來說沒什麼，但對孩子來說，卻可能是一種無法言喻的恐懼。

我們沒辦法選擇我們自己的原生家庭，但我們現在就是孩子的原生家庭。自己想要的理想家庭可以靠自己創造，在愛裡不該有懼怕。

有機會成為自己覺得最酷的那種爸媽，是一件很 Rock 的事！

●●●●●●●●●

5. 有話好好說

　　有了孩子之後，更知道好好說話的重要。一句好好說的話，能讓人放在心裡惦記一輩子，同樣的道理，一句傷人的話，也能讓人狠狠記得一輩子……

　　好像以前老一輩的人，比較容易用偏向負向的形容詞跟小孩開玩笑，譬如：

「你怎麼這麼壞！」（喔！這句很傷）

「你怎麼這麼沒用！」（小孩是要多有用？）

「你這樣隔壁阿姨會生氣！」（為什麼？）或「誰誰誰要來把你抓走！」（到底為何？而且有人要抓我，你為什麼不保護我？！）

　　那些話就算只是要用來嚇阻小孩、不是惡意，聽起來還是會讓人覺得受傷，覺得害怕。（連大人聽到都會生氣了吧，更何況小孩。）

　　我們已經習慣聽著那些用負面形容包裝關心的話長大，一直到長大了、懂事了，才知道那些其實也是種關心、也是種愛。但在這之前，

已經花了那麼多時間在互相生氣、不開心，也太浪費時間了吧！（嘆）

　　有話就好好說，可以正面說的關心就好好說，不要用一些挖苦或是嘲諷的話來代替心裡真正想表達的情緒。

　　可以說：「請幫忙……」（後接各式需求）不要說：「你給我過來，不然我就……」

　　說：「請輕輕放好。」不要說：「你怎麼又在亂放！」

　　說：「請坐好。」不要說「是屁股長蟲嗎？為什麼坐不住。」（這是我真實被說過的句子！哈！）

　　說：「你這樣我會很擔心。」不要說：「你怎麼都不聽話！」

　　說：「我不喜歡你這樣……你可以……」不要說：「你這樣……會把你抓走，或……會生氣。」

　　說：「一次只能拿一個喔！」不要說：「你怎麼這麼貪心，每次都要拿這麼多！」

　　說：「一起玩可能更好玩喲！」不要說：「你怎麼這麼小氣，都不分別人玩！」

　　以此類推，盡量不要用負面的形容詞去臆測、去評論小孩的想法和

表現。（其實同樣的道理，換成對待枕邊人也一樣。）

畢竟小孩就像白紙，他平常聽到什麼樣的語言，就會學到用什麼樣的語言去表達。這個世界已經很紛亂，訊息來源很多很快，每個人都可以用各種合理不合理的出發點去包裝，然後很隨意的發表各式各樣的評論。我們沒辦法改變大環境，但至少可以做到由自己開始好好說話，讓孩子聽到我們好好說，也知道要怎麼去好好說。

每天都提醒自己要記得持續的練習用正向、正面的說法去代替負面、否定的批評。

語言的力量很強大，可以很溫暖也可以很可怕。

當了爸媽就有責任要成為更好的人，眼睛一睜開就要說話。（Wii：誰像妳那麼多話！）總之，說話這件事，天天都可以練習，時時都可以修改，我們一起加油！！

6. 根本沒有家庭與工作平衡這回事

　　即便我已經算是生產過程都很順利的人，但生第一胎的時候還是覺得喔買尬！！！也太痛！！！所以從我自己當媽的那天起，我就決定再也不要跟媽媽吵架！

　　因為只要一想到要這麼痛才能生得出來，然後掏心掏肺養大的孩子長大後卻跟我頂嘴講話不客氣，我會有多心痛，我就覺得應該要再對媽媽好一點，也所以從那年開始，每到我生日那天都會準備一個禮物送我媽。

　　當了爸媽之後，很多觀念跟想法都變了，一方面能體會、理解以前爸媽對我的限制與包容，另一方面也覺得自己還有無限的潛能可以被開發。

　　但生完 U 之後真的覺得有累，可能因為公司也處在一個正需要投注很多心力的階段，

然後虎要上小學，U 卻還這麼小，更不想要丟掉跟 Wii 之間的關係（畢竟他已經算是比較被犧牲的了。噗！）每件事都好重要，沒有一個地方可以放掉。

我已經算是很幸運的，公司跟家裡都有幫手和後援機制，可是還是好辛苦，想要把每件事情都做好實在太困難了。（抱頭）

幸好我很會轉念跟放過自己！哈！

小孩成長就這麼一次我沒辦法放，但我會很有效率的，在相處的這段時間很有品質的相處，然後再請人幫忙照顧。雖然我不是帶他一整天，但是在一起的時間我們彼此都很投入、很開心，這樣就夠了。

公司就是每個階段都有不同的變化，有時辛苦，有時可以稍微放手。喜舖對我來說很重要，它是我的第一個小孩，但是家庭更重要，如果失去小孩、失去老公，那就算事業做得再好也沒有意義。

孩子每天都有不一樣的變化，昨天這招還行，怎麼今天就失靈了？！怎麼昨天他還不懂的，今天突然就會舉一反三了？！我們當爸媽的，

就需要隨時因應孩子成長的速度來調整自己的態度。我相信「把時間花在哪，成就就在哪。」也相信「想怎麼收穫就怎麼栽。」不管工作或養育孩子都是，所以即便根本沒有所謂「真正的平衡」這回事，但就像走繩索一樣，只要可以隨時調整節奏和輕重緩急，雖然戰戰兢兢，還是可以一步步走好。

而且一定要想著，就算不小心跌倒也有安全網，調整好呼吸，重新再上就好！

Btw，其實會這麼辛苦，就是因為既要兼顧孩子、兼顧老公、照顧家人長輩，還要用力拚事業吧！如果可以放掉任一個應該會輕鬆很多，可是我既不能也不想取捨，既然這一切都是我自己的選擇，那就好好走我的繩索，等到以後再回頭看這時期的快轉人生，應該會覺得很精采吧！（笑）

番外篇
星座這回事

我們一家四口只有我一個是射手，其他三個人都是摩羯，隨性自由又衝動的火象射手被沉穩踏實的宅宅土象團團包圍！（抖）

記得剛結婚的那一兩年，每次週末都為了到底要不要出門，要出到多遠討論個老半天，我想出去晃晃呀！隨便去哪吃吃喝喝逛逛都好，好不容易週末可以兩個人一起去走走看看，不是很好嗎？

摩羯 Wii 卻覺得，對呀！難得週末可以兩個人一起，待在家裡不是很好嗎？！噗！

他說他可以連續一個月都不出門也沒關係。（我覺得我可以連續一個月不在家也沒關係！哈！）

這樣的狀況直到我開始創業、生完小孩、沒日沒夜之後。終於，我們取得了一個平衡，但也可能是因為我們家又多了兩個摩羯座，加了宅宅的行列……

虎虎的個性很規矩，從嬰兒時期就是。他很注重規距、規則，這些固定的儀式讓他覺得有安全感，如果不是先說好要去玩什麼很好玩的，他反而願意待在家。（攤手）

ＵＵ的個性稍微愛玩一點但還是宅，從嬰兒時期開始，如果我們帶著她在外面跑一整天，晚上回到家放回小床的瞬間，她會發出一聲很滿足的輕嘆！哈！（到底是有多愛回家！）

總之，就在結婚九年後，我們對於宅的程度越來越雷同，我開始變得戀家，出國久了會想家，假日也想待在家裡，沒事不想出遠門。他也變得喜歡在假日帶小孩出門動一動、約我去吃早午餐、出國的時候如魚得水……

有一次跟織織賴賴見面聊到星座，整個恍然大悟。賴賴說其實上升星座就是一個人的外在表象，是看起來的樣子。太陽星座則是一個人的肉，是整個人的個性，是最主要的結構。而月亮星座則是一個人的

內在心性。哎喲！那我們家四個人的星座有點妙，老天爺配得實在很巧妙哪！

我是太陽在射手、月亮在摩羯、上升也在摩羯，所以根本表皮是個摩羯樣，骨子裡是奔放愛自由射手，但心裡又有點摩羯魂！

Wii 是太陽在摩羯、月亮在射手、但上升在雙子！難怪他雖然是個腳踏實地的摩羯人，但表象卻是跟誰都能聊的雙子男，然後心裡其實是很敢衝的射手！哈！

U 虎的更妙！
虎是太陽在摩羯、月亮在處女、上升在天秤！
U 是太陽在摩羯、月亮在雙子、上升在處女！

難怪兩個人雖然都是摩羯肉，但一個是披著天秤的皮，有著處女的龜毛玻璃心，所以才會又很愛面子，又很在乎公不公平，又很纖細敏感的常常跟我聊心事！哈！

另一個則是看起來臭臉難親近，但心裡卻很善變難捉摸（怎麼這麼難相處啦！噗！）所以才會很認人都不給抱，但都不理她的時候又會過來碰碰你、找找你！哈！

我真的覺得這樣的搭配剛剛好，大家互相磨練，磨練一下心性、磨練一下耐性，互相漏氣求進步的一起交陪一起成長！（遠目）

但還是很想説，可以給我雙子座和處女座的教戰手冊嗎拜託！（伸）

Part 4

走自己的路，
一本初衷

1. 勉強算是創業史吧？（搔頭）

其實一開始只是因為在家當家庭主婦覺得不太好意思、得找點事來做（畢竟哪有家庭主婦不煮飯的咧？）想起剛結婚時，有次去日本買包回來放網路拍賣的經驗，結果在奇摩拍賣、露天拍賣上架了幾個月都乏人問津，後來改用自己的網誌，竟然很快就出清換回了現金。（沒在算成本的，虧了都不算，只求現金回來就好 XDDD）

想說那不然就繼續用自己的網誌來分享買物好了！畢竟當時還不流行部落客，也還不流行業配文、不流行代購，在網誌上賣商品算是種很新潮的方式（撥髮）。我首先嘗試代購澳洲保養品，結果匯率和運費又沒算好，整攤沒賺好像還小賠。（噓）

算了！反正做生意有賺有賠（是這樣用的嗎），就覺得出國帶貨似乎是個不錯的選擇，還可以趁機出國假工作真玩樂（貪玩的症頭從古至今都沒變 XDD）就算沒賺到錢也賺到了回憶！（噗）

首先先想名字。那～就叫 C。PU 喜舖吧！

粉紅色的 C。PU，右上角的 Logo 是 Wii 跟我求婚時送的蝴蝶結戒指。

（特別感謝那位問我 CPU 要怎麼唸的格友，讓我們有了 CPU=C 噗 = 喜舖的靈感！哈！）（也謝謝我的專屬設計芽幫我把 Logo 搞定。）

本來是幻想要開一家粉紅色的 MUJI，鎖定設計家居小物，一直在曼谷和首爾之間猶豫，因為我覺得韓國就像是便宜的日本，應該有很多 Zakka 類的家居飾品可以買。但曼谷是亞洲新設計之都，設計師風格多元，小物可愛，種類又多，還能用英文溝通，而且 CP 值高又有原創設計的生命力，決定了！去曼谷！（天曉得如果那時選的是首爾，搞不好喜舖就變成是專賣韓貨的女裝品牌也不一定！哈！）

地點定了、名字取了，然後就這麼剛好，有個朋友聽到這個計畫說要投資我（注）迅速匯了十萬塊到我戶頭，就醬，帶著十萬塊、約了挑夫（Wii），出發！

第一次去，什麼都覺得好新奇，雖然不知道要去哪批貨，但就日也逛、夜也逛的，白天逛百貨、晚上逛市集，抱持著一種賣不出去就自己留著用的心情在大買特買，頂著高溫三十幾度的炎熱天氣，兩個人扛著大包小包，走路坐地鐵……

不好意思殺價也不知道怎麼殺價，沿路被騙錢的經驗沒少過，就連去四面佛拜拜都被騙，在佛寺外面買了 500 泰銖的花圈，走進佛寺一樣的只要 50 泰銖（昏），看來就算有長得像在地人的挑夫同行也還是會被騙！（咦）

每次去就是三四天的瘋狂逛街採購，然後想辦法塞進大行李箱（我很會打包，就是那時候練出來的。）連搬帶扛的祈禱飛機劃位時不要超重，接著一回臺灣就去找推拿師傅報到！哈！

現在想想，當時真的沒在怕欸！想都沒想可能會發生什麼事情，就這樣開始了！

起了心動了念，就真的鼓起勇氣去嘗試，是我人生最大的幸運！

沒試過怎麼知道會不會成，試過就算不成也沒關係，趕緊換個方式再試試看，就算用盡所有力氣還是不成也沒關係，凡走過必留下痕跡，一定能有所累積。等下次又有機會、又起心動念的時候，就更能截長補短的好好去把握！（啊還有下次喔噗 XD）

注：當初朋友 S 說我值得投資叫我衝，很不囉唆直接匯錢過來讓我開始，這件事我始終覺得神奇也心存感激，雖然後來我們沒有繼續合作（也感謝 Wii 爸媽後來的支持）但真的謝謝 S 的慧眼識英雄（是在順便誇獎自己是英雄嗎？噗）感謝推了我一把的 S！

第一個自家製產品其實是蠟燭

去泰國幾次之後剛好逛到一家超棒的香氛精油品牌，整家店空間棒、氛圍棒、產品也棒，而且價格合理 CP 值高，重點是我第一次接觸到大豆精油蠟燭的產品，整個驚為天人，原來這世界上竟然有熄滅時不

會臭的香氛蠟燭！馬上狂掃貨帶回來跟舖友分享，並且寫信去人家公司問，有沒有機會可以當他們的代理商（哈，怎麼會有人這麼不知天高地厚！）（是説我出社會後第一次去日本逛到 UNIQLO 也是驚為天人，回來也寫信去人家總公司詢問有沒有代理的機會，還收到人家很有禮貌的回信説他們是直營的經營方式，謝謝我的來信哈哈哈哈！）（顯示為即知即行，不留遺憾 XDD）

結果當然也是沒結果（不然我後來怎麼會賣喜舖包），但意外開啟我對純精油大豆蠟燭的熱情，乾脆自己來試試！（畢竟從大學自己住外面就開始點精油薰香燈、點精油蠟燭、點東南亞買的彩色線香，一直很喜歡家裡有香香的味道、有溫暖的燭光，總覺得有蠟燭的家就很有情調，有在認真過生活的感覺。）

於是上網找貿易商買純大豆蠟的進口原料，純植物的大豆臘能燃燒完全，不會產生有毒氣體，也不留碳渣，時效是一般石臘的三到五倍，更環保、更安全、更持久。

然後買品質好的進口純精油、買蠟燭
需要的棉線，和可以當蠟燭杯的美麗容
器，覺得蠟燭燒完可愛的杯子還能留下
來繼續用很划算，也想試試去發掘臺灣
特有的植物精油，做出屬於我們臺灣特
有口味的精油蠟燭，說不定能像阿原肥

皂那樣做出口碑。如果真的做出規模還能找社區媽媽來個二度就業的
社區營造（想好遠）（不過我後來還真的有做出檜木精油蠟燭，點起
來還蠻滿驅蚊哩！）

　　完全外行就先找資料，看書、看網頁，找做蠟燭的 Know how，因
為受到春一枝冰棒的李大哥影響很深，只想用純精油＋純天然可食用
的大豆蠟來做我的香氛蠟燭，所以很簡單也很不簡單。沒有加任何化

學定香劑、固定劑、催化劑的蠟燭很單純，不用擔心化學物質在燃燒過程中可能對人體有害，但也很不簡單，到底要用多少比例的精油，才能在燃燒的時候既有味道又能順利的燃燒。

總之隔行如隔山，那陣子家裡就像是間小型工廠，不停的用各種實驗找出純精油大豆蠟燭的完美比例。測試成功之後開始接單，然後接單之後家裡就更像代工廠，餐桌和廚房到處都是精油、試管和大小量杯！哈！

想說要來做個市面上沒有人做的純玫瑰精油蠟燭系列，覺得應該會很有特色和賣點，有大馬士革、保加利亞、摩洛哥、土耳其……各種不同品種的玫瑰都有不同的氣味（畢竟我們女人到了一個年紀會開始愛上玫瑰口味 XDDD）但純玫瑰精油真的太珍貴了，要好幾百朵玫瑰花才能萃取出一滴，真的花錢買原料的時候才知道，原來 1ml 的玫瑰精油就要近千元，就算再不會算成本也知道這樣下去成本會太高，很難定價。只好退而求其次，反正是有訂單才做，還是保留這個選項，但開發其他相對親民而且大家都熟悉的精油口味，譬如粉紅葡萄柚（我的愛）、玫瑰天竺葵、柑橘……之類。

翻出當時的文案：

安心的溫暖——純精油手作大豆蠟燭

追求純天然無負擔到了一個地步，就決定要自己動手來做真正純精油的大豆臘燭，除了環保，也讓天天點起來聞的時候能放心。

真的要試過才知道，真正的 100% 純精油，聞起來飽和而不香氣過剩、層次濃郁而不輕浮、有質感卻不搶戲……而純植物的大豆臘，光只是融化，就聞得到淡淡的豆香……

喜舖的 100% 純精油手作大豆蠟燭把兩種單純的美好攪和在一起，雖然不像普通的香精蠟燭能讓房間瞬間就充滿香氣，但溫溫醇醇、穩定的讓純精油散發出屬於自己特有的自然香氛。

我們保證，除了純精油和植物臘，絕對沒有添加香精或是任何化學合成的催化劑和定味劑，就連使用的棉蕊也是大豆臘專用的無鉛無毒純棉燭蕊，就只有我們超認真的用心。

來自〔喜舖〕安心的溫暖、手作的幸福，我們用不含香精的 100% 純精油和純植物大豆臘，給你簡單生活的好味道。

哎喲！那時候怎麼這麼會寫啦！！我自己光是重看都有覺得被燒到了！哈！

不過因為天然精油會隨著時間揮發，所以一定要新鮮製作不能先量產，而且寄送過程也會因為純天然大豆蠟的熔點比較低，天氣一悶熱就容易出油融化之類的種種因素而沒有再繼續發展。

即便如此，但追求純手工、無添加、美好生活的方向一直沒有改變，吹毛求疵的產品開發過程也讓我學到了很多，只是暫時因為不同的身分轉換成不同的需求，凡走過必留下痕跡，說不定未來的某天還有機會實現！（眨）

2. 媽媽包的開始，
其實不只想當媽媽包

自從嬰兒 Check in 真的當了媽以後，想的事情就再也不是家裡會不會香香的（拜託！都敢徒手接嬰兒屎了，房裡只要能有除臭垃圾桶，已然是天堂。）也不會有空想那些可愛設計小物要怎麼擺（畢竟洗碗槽和沙發永遠都是滿的。）只希望嬰兒能趕快睡過夜、希望母奶源源不絕、希望每天昏天暗地跟嬰兒纏鬥的日子裡能早日露出一線曙光……

關注的事情再也不一樣，反應在喜舖上就是我沒空做手工蠟燭、沒辦法出國帶貨、沒心力置入居家設計小物了。但也因為需求而衍生出新的想法，連之前特別開發給家裡寵物用的保潔墊也轉換成為更適合嬰兒用的防水尿布墊，因為找不到自己想要的媽媽包，所以第一代喜舖包，CT Bag 出生了！

其實 CT Bag 的一開始並不只是限定於媽媽包，取名 CT Bag 除了是我和當時一起做的 Terri 小姐兩個人名字的結合之外，更想表達這是一個能讓妳在城市裡輕鬆背起，自在遊走的包包，不管妳的身分是什

麼都能符合需求。媽媽可以當媽媽包、上班族可以當運動包、學生族可以當輕旅行的旅行包，孩子大了也還能繼續用，**CT Bag** 陪著妳走過不同階段的人生旅程。

但既然是要做給自己的媽媽包，顏色當然一定要有我愛的小桃紅呀！（真心覺得顏色的影響好重要，穿起粉桃色的衣服或鞋子、背起粉桃色的包包或配件，就是有種可以讓人瞬間打起精神的魔力！）

一開始是做給自己的媽媽包。

另一色選了我媽愛的深紫色！

好有孝心，不是啦，是抱持著賣不掉就自己留著慢慢送人，深紫色應該還算好送的最壞打算！（到底有多愛送，哈！）

很 Lucky，認識的供應商很幫忙，讓我第一次下單只要兩色各一百個就可以，但是在當時還是一筆超級大的投資，喜舖帳戶裡的現金全都歸零了還不夠，雖然緊張，還是衝了！（因為不衝就沒有可以帶嬰

兒出門的媽媽包用了 XDD）確定好顏色、畫好圖之後，就開始了來來回回超多次的打樣。對布色、對配件、調整口袋隔層的尺寸數量、調整肩背帶的比例⋯⋯又是一個隔行如隔山的開始（真的很愛挑戰不可能欸！）**反正隔山沒關係，只要有心就好。只要有心就能知道需要，然後想辦法努力達到！**

　　其實做這件事並不是因為我看到了什麼商機，只是單純因為自身當媽的真實需求而產生。當下我就是需要一個可以把外出所需的嬰兒用品全都裝起來的大包，而且還要有很多不同尺寸的隔層方便輕鬆分類，在帶著嬰兒外出、手忙腳亂的危急時刻都能迅速找到需要，然後一定要很輕很輕（因為媽媽的肩膀已經夠累），外型很簡約、顏色很好搭，以後不當媽媽包的時候還能繼續使用⋯⋯很幸運，剛好有很多媽媽格友們跟我有著一樣的需求，只是可能之前沒有被好好照顧到，直到有了喜舖包！（好敢說喲哈！）

當了媽才深深體認到，育兒這條路不是普通的辛苦（是超級辛苦啊！）一定要走過其中才能體會箇中滋味。媽媽包只是其中一個讓育兒生活輕鬆愉快點的工具，不一定要選喜舖包，但一定要記得為自己做點什麼，媽媽們在照顧家人之前，也要先照顧好自己的情緒與需求，有快樂的媽媽，才有快樂的家庭啊！！（吶喊）

3. 除了 U 虎以外的親生小孩們

　　第一批的 CT Bag 以超乎我預期的速度賣完之後（好險不用都送人！呼！）又驚又喜的沒想太多，就繼續一批接著一批下單、開發新顏色、微調修正產品，接著持續因著自己的需求去開發創作拓展產品線。例如小孩大了，只是去附近的公園或只出去半天不需要裝那麼多，於是有了 MiNi CT Bag。然後一歲多的學步期搖搖晃晃很愛走路，但又需要看到危險能隨時一把抓住，需要可以空出雙手行動自如的後背包，於是有了 B Bag。也因為學步期的小童很愛模仿大人，於是有了跟大人一樣的迷你小包 Baby B bag……

　　對我來說，除了 U 虎以外，喜舖的每個產品都是我的小孩！（噗！我是孔雀魚嗎我！）

　　雖然我本人走一個哈哈哈烏龍路線，天兵、兩光、雞屎都是多年來長伴左右的形容詞（大學時期綽號 70 就是來自於這個臺灣俚語：「生雞蛋沒，放雞屎有。」噗！）但在產品設計開發上，卻很極端的完全變了一個人。

明明很懶很怕麻煩，但為了產品小孩做盡搞剛的事，不怕難不怕苦到一個極點。平常會很衝動的下決定，但在開發修改的過程上卻一點也不衝，為了一個小小的細節，可以來回修改十幾次，一點點顏色偏差都沒有辦法將就的重新打樣再來，極盡嚴格的高標準常常整死同事和供應商（在此向

平常很懶很怕麻煩，但一遇到工作就變了一個人。

各位一鞠躬），不好意思讓大家見識到我隱性摩羯的龜毛了！（這時候就說自己是難搞的摩羯 XDDD）

總覺得也許就是因為多了那一點點的堅持，累積起來才能讓自家產品跟別人家不一樣，對那些微小細節也考量再三、不願隨意妥協的堅持，大概就像是為了自己小孩，再累再難也不想馬虎隨便的偉大母愛吧！（遠目）

當年剛推出 CT bag 的時候會聽到大家說：「哇！這好不像媽媽包喔！」一直到七年後的現在，人家看到一空氣包就覺得是媽媽包，市

面上長相雷同的產品也越來越多……這應該也算是因為我們的努力而達到某種高度，也算是得到某種肯定吧齁！哈！

覺得驕傲的是，不管市場怎麼困難，不滿足於現狀的持續進化，追求好還要更好的態度就是 CiPU 喜舖的 DNA。2016 年全新開發出和空氣包完全不同的超輕量包款，就是把目標放在打造全世界最輕的媽媽包！（這真的很難，要輕要軟還要挺，光是開發布料就花了八個月，這個太薄、這個太重，這個材質看起來又太悶熱，那個材質太反光……好不容易找到適合的布料開始打樣包包，又為了要能讓這麼薄的布料不需要靠鋪棉、襯裡或是硬版就可以自己撐起來站得住，來來回回大概又花了將近一年，實在有夠偏執。）（再次向同仁及供應商一鞠躬，謝謝包容 XDDD）

不過品質堅持久了也會帶來一些成果，譬如日本的代理商就對我們的品質很肯定，說跟他們日本製的包款比起來完全不遜色。供應商也說我們的包真的好難做，連那些歐美品牌、日本專櫃的單都沒有我們難做，光是製作的工序和我們 QC 在意的細節，根本比照精品大牌一樣嚴格，需要慢工出細活。還有同業的廠商朋友拿著我們的包去跟他們代理的國外媽媽包品牌原廠說：「你看看人家喜舖的工，再看看你們的工，差這麼多要不要回去好好修正學習一下？」噗！龜毛出名了！（笑）

前陣子看了部印度電影《我的冠軍女兒》，超好看、超激勵，印象最深的是，爸爸最後在賽前跟女兒說了一段話：「贏很難，但不是不可能。妳得了銀牌和銅牌大家會幫妳拍拍手，但下個月就忘了，只有得到金牌才能讓大家記得妳，妳也才有機會改變這個社會、改變這個世界。妳一定要成功，不只是為了自己，也是為了這些喜歡妳的女孩、為了我們的國家。」

　　我邊看邊流淚，當下在心裡默默下定決心。沒錯！！我們就是要做成金牌，才有機會改變這個世界跟產業。我不知道要怎麼做，但我就是訂了這個目標，要當臺灣第一個走向國際、以媽媽需求優先、以愛媽媽為出發點的品牌，要當能夠代表臺灣的媽媽包品牌，讓大家看到 CiPU 就想到臺灣，就像看到賓士想到德國、看到 UNIQLO 想到日本、看到香奈兒想到法國一樣！（握拳）

好啦，這個夢有點大，但反正是夢，Dream Big 嘛！（笑）

　　總之懷抱著這樣的夢想，雖然還沒有真的開枝散葉，但我們已經陸續在日本、新加坡、馬來西亞、泰國、香港、紐西蘭、澳洲、美國、加拿大、法國插上 CiPU 的旗子，希望不久的以後能越來越飄揚，讓越來越多人認識喜舖，我們還要更努力！

4. 有光明就有黑暗

很多人可能會覺得喜舖從開始到現在，好像都一直很順利的樣子，但其實我也有過好幾次想放棄（雖說現在回頭想想，那些關卡也太小關，但當時很菜，每一次遇到都會讓我整個人愁雲慘霧哪 XDD）

記得 2010 年喜舖才剛開始沒多久的時候，因為供不應求，所以都用預購的方式。結果遇到貨運延遲，到貨時又發現有部分產品的品質不 OK 不能全出。當下整個亂成一團，雖然馬上一通一通的打電話跟舖友溝通，大部分舖友也都能體諒。但還是有很不開心的舖友在網路上謾罵宣洩，整個頁面上全是情緒化字眼的留言，說我是什麼黑心商人拿了錢不出貨……

那時真的超難過，覺得我也是人生父母養，也是人家家的女兒，有必要被罵成這樣嗎？！第一次碰到這樣的挫折真的很想要放棄。但洗了澡想想，怎麼能一遇難關就放棄？要鼓起勇氣去面對去克服，不能就這樣被打倒！於是就在我家廁所門口含著淚錄了一段道歉鞠躬的影片以示負責，後來總算也有順利解決、度過難關。

接著是大多數品牌都可能會遇到的狀況：被致敬 XDDD。第一次遇到的時候想說怎麼會這樣？大剌剌的這樣照抄也行？甚至聽說還找上我們合作的工廠。真的覺得很沮喪，覺得怎麼別人做生意這麼容易，只要跟著走就好⋯⋯但後來轉個念想，也許這也算是某種肯定，畢竟做得好的人家才會想學，走在前面的本來就會有很多後面的會邊看邊學邊追，如果能夠因此讓更多人重視到媽媽們的需求，那也算是好事一件。

不過比較錯愕的是，曾經有一個原本要合作的工廠，因為他們的品質一直不 OK，中間來回打樣也都拖超久，久到我們都已經要開始販售新一代商品了，他卻還沒完成上一代，而且重點是品質也還沒達標。其實我們為了表達合作的誠意，一開始就付了五成訂金，還把布料、拉鍊等原物料，甚至版費都已經付清，就是為了讓他們安心，想不到他們交不出符合品質的商品，然後還說要告我們不取貨。我們的律師建議，應該是我們要告他們違約，畢竟交不出貨是他們的問題。但算了，買賣不成仁義在，我們並不想走到訴訟這步。

結果才過了幾個月，市面上竟然開始出現長相非常雷同，然後也都剛好是我們當時採買原物料的花色款式，只是換成他們的 Logo 上市了

（而且 Logo 也很雷同！）整個傻眼欸！

雖然覺得很扯，但實在不想多花一秒鐘在這樣的事情上，沒想到，他們竟然跟通路說自己是喜舖的副牌，因為我們不折扣，所以他們是喜舖另開的低價產品線，還直接宣稱他是生產「外銷日本的媽媽包」的工廠，意有所指的誤導外界以為他們是喜舖有合作的代工廠，所以品質一樣，只是比較便宜。拜託！一分錢一分貨，直接拿來一比對就知道，根本完全不同！！就算他們除了產品、購物袋、包裝方式，甚至連拍的產品影片也插入我們形象影片的插畫，跟著去誠品設櫃，顏色一路跟我們超像就算了，我朋友路過故意問他們櫃姐說，你們的包怎麼跟喜舖包這麼像，櫃姐竟然還直接回答，這就是喜舖包啊！（昏）（朋友氣得拂袖離去！哈！）士可殺不可辱，可以占我便宜但不能胡扯占喜舖便宜，這次 Wii 堅持，我們決定要提告。

沒想到還是沒輒，當初那些合作的窗口都不承認，而且他們那個跟我們長相雷同的 Logo 已經註冊，這種魚目混珠混淆消費者視聽的方式真的讓我覺得很不可思議，這樣也行？！（嘆）

最誇張的是，我在網路上寫了一篇「真假媽媽包比一比」的文章，

提醒舖友如何分辨喜舖包,結果他們竟然來告我毀謗!天啊!我記得接到警察先生打電話來的那天,他唸出對方名字,我回説對啊我們有告他。結果警察先生説,不是喔,妳才是被告人的時候,我真的氣到快哭出來,覺得非常委屈也覺得生氣,馬上提著我們家的媽媽包到案説明,雖然警察先生也覺得瞎(攤手),不過還是得照著程序走。這個案件後來當然不成立,但當時真的沒辦法想像,這世界上竟然有這種事,作賊喊抓賊,難道真的不覺得自己不對嗎?你好好做你的,不要打著我的名號,我真的也沒有要擋你財路,但怎麼可以這樣跟著我、踩著我,最後還告我,太荒謬了!!

好好做事的人反而啞巴吃悶虧,算了,反正要抄要學要跟都不是自己能控制的,我們就是繼續往前走!

後來也遇過幾間代工廠,覺得工廠報價是這個錢,但你們品牌卻賣這個錢,中間賺這麼多,不然乾脆也自己來做品牌的。

想創造自己的品牌當然很好啊!這世界本來就需要更多好品牌讓世界更美好,但如果只是因為看到中間差價就覺得有很好的利潤可以做的話,那這觀念真的有很多誤解。做品牌有很多隱形成本,包括產品開發花的心血、投資很龐大、產品包裝、行銷準備、後續的客戶服務

等等，族繁不及列舉，花的心血和投資成本既龐大又繁瑣、耗時也傷財，如果真的覺得因為產品是你家做的就可以貼個牌子拿去賣的話，那最重要的原創精神和品牌價值呢？所以幫 LV 或 CHANNL 代工的工廠也可以貼個牌就說他跟 LV 或 CHANNL 一樣嗎？更別說還有誠信的問題。（嘖嘖）

要是這些市道險惡、人心不古的事情再多個幾次，真的會讓我覺得這個世界的價值觀到底出了什麼問題？是非黑白與公理正義呢？難道大家都只看短線的利益，忽略了做人最重要的正直和誠信？

啊好在其實世界上的好人還是很多啦！有很多比我們更介意的熱心舖友會一直鼓勵我們、替我們抱不平，也還是有很多優質正直、堅持品質的好廠商願意跟我們合作，持續幫我們生產優質的產品。

就像我們從 2015 年開始使用寶特瓶回收砂的環保材質，不只是因為愛地球、想做更環保的產品，也是希望透過持續進步讓喜舖這個品牌更上一層樓，跟其他競業徹底拉開距離。跨出這一步要付出的不管是精神、心力，甚至是金流，都比從前多更多，也更辛苦。但做出差異化是必須要做的事，未來到底可以走到哪裡還不知道。但反正人生本來就沒有一帆風順，不管風大雨大太陽大，就是繼續向前走就是！

●●●●●●●●●

5. 我不是生來就會做老闆

　　開始做喜舖的時候根本沒想到現在會發展成這樣。我很幸運，一路以來發展得算快也算順利。從迷你喜舖到小喜舖，我們只有五六個人（小喜舖一開始根本像鬼屋一樣，所以同事對環境沒什麼期待XDD），後來小喜舖從五六個人變成十幾個人，擠到快坐不下，剛好那時候到美國參訪，看到人家公司都有提供很棒的工作環境，讓我好嚮往，於是就起了心動了念，希望也能提供好的工作環境讓大家來上班。（但我忽略了，人家都是全球前百大的公司啊噗！）（苦笑＋搖頭）

　　然後就找到了現在的大喜舖！

　　還記得決定租了以
後，第一次帶同事去看
房子，視野佳、採光好、
空間又大又新，一走進
去還有同事竟然感動得
哭了。她知道我一路走

來很辛苦、很努力，搬到大辦公室這麼好的環境，替我覺得很開心，那一幕給我的印象好深刻。（但是租的不是買的欸，哭的點是？噗！）

不過久了，再好都會變得理所當然，當時哭的同事還在，還是很挺我沒有變。但隨著公司規模改變同事變多，人與人之間的叨叨絮絮也會越來越多，有人的地方就有江湖，而江湖上總是會有人習慣喜歡八卦、搬弄是非、搞小團體。

當初在小喜舖門口掛上的第一個門牌，上面寫的不是喜舖而是「CiPU & Friends」，就是期許在這裡的大家都是朋友，畢竟工作真的很辛苦，如果還要在不喜歡的環境跟不喜歡的人一起，那真的會苦上加苦、苦不堪言。我自己的第一份工作也有因為交到好朋友，讓一起努力打拚的日子有著很多開心的回憶，所以總希望喜舖是一個快樂的團隊。不是要鄉愿的人人好，但至少要能互相尊重、互相支援，能夠理解彼此都有不同的個性，能包容彼此的不同，然後可以一起成長、一起進步。

不過這個初衷卻因為一些習慣用批評抱怨來互相取暖的小團體，顯得我實在好傻好天真，忽略了只要一滴墨水就能汙染整杯清水……

我想每個人都會有自己的主觀意識、都會有情緒，只是每個人在面對情緒時的處理方式，其實很可能也就決定了這個人的人生是能理性判斷、自我排遣、避免在盛怒的情緒下反應？還是唯恐天下不亂的到處張揚、生怕沒人知道自己的情緒，然後再用自己的感覺去渲染影響更多人？

　　我學到人其實真的不會改變，而時間就是最好的試金石，時間久了就會原形畢露。

　　也漸漸可以理解為什麼有些老闆總會板著一張臉，不隨意顯露自己的情緒。畢竟平常很兇的人如果突然溫柔一點，大家就會覺得，哇他人好好喔！可是反過來，平常都笑嘻嘻好說話的人，如果只是突然講話嚴肅了點、就事論事了點，馬上就會被覺得，哎喲好兇喔！她怎麼了？怎麼跟平常看到的都不一樣。

　　要朝三暮四不能朝四暮三，因為一旦付出過、給予過，就會變成理所當然。

　　2016、2017 這兩年很辛苦，大環境小環境、公司對內對外，包括產

品線的重整、開發、更新。很多事沒有辦法說清楚講明白，每個月五號發薪水那天，我跟 Wii 都會超緊張，付大筆貨款的時候更是東湊西湊的連房子都拿出來抵押了，身邊的近親密友也會時不時的出手援助一下。（在此也致上我最深的謝意。）

打順手球、錦上添花大家都會，嘻嘻哈哈的一起開心享受，而當身處逆境、遇到寒冬，真的願意為你雪中送炭，跟你一起挺身而進、不抱怨、不計較、撐到底的人又有幾個？

還好還真的有好幾個，我超珍惜。

其實我難過的不是因為有負面的聲音或對我不滿，我難過的是，明明大家曾經那麼近，有那麼多管道、任何時間都可以找得到我，就算直接打來罵我，也算是有機會讓我們釐清誤會或解釋道歉，為什麼有話不當面說、要在我背後聚在一起，用那麼多情緒化的字眼集結那麼多負面情緒來批評數落、抱怨謾罵，覺得很痛苦，被曾經那麼信任的人們用一些似是而非的誣陷攻擊卻沒有辦法好好說清楚。

總之，那段時間只要想到就覺得滿難過，面對那些半公開的任意發

言有口難言，或甚至有連到底是誰都不知道的匿名指責，完全無法正面回應，真的很痛苦，直到有次含淚問 Wii，我到底是做了多對不起他們的事？！不喜歡我離開就是了，為什麼他們要那樣傷害我們辛辛苦苦才建立起來的品牌，我們到底是欠了他們什麼嗎?!（掩面哭）

一路以來，總是在提醒我不要用情太深，總是很旁觀者清的 Wii 說：「沒有人是天生就會當老闆的，妳已經很努力試著做好了，該發生的就是會發生，妳也是在學習。」

秒哭欸！好啦！我放下了！其實問完那句話的當下我就想開了，我還真的沒欠他們什麼吧！

他們當然有權利討厭我，有權利覺得老闆不如自己想像、覺得偽善、覺得看不慣，然後覺得很有必要讓其他人都看見他們的感受。

但那又怎樣，我只需要在乎那些相信我、愛我、了解我、願意支持我的人！

之前看過有篇文章是這樣寫的：「身為一個主管，你永遠都有做得

不夠好和需要改進的地方，但這不代表來幫你工作的人就能把事情做爛。有能力的人不會因為主管或老闆不好就把事情搞砸，這永遠不會是他做不好或要離開的理由。」

我本來就不完美，不可能永遠保持正能量無限、樂觀開朗 All the time、時時刻刻都燦笑，也會因為換湯不換藥的事件一再重演而耐性用盡，我就只是個平凡人而已。

既然當下的身分是公司負責人，那就有義務要帶領公司往對的方向前進，很多決策當然不一定是最好，但的確會有當下的時空背景需要去應變、去解決，領薪水上班的人可以因為不爽工作內容、不爽薪水或不爽老闆就隨時離開，但我們是拿身家在跟這間公司共存亡，出發點和涉入的程度從一開始就不同，顧慮團隊的情緒當然有必要，但如果變成最重要，那這間公司到底是要生存下去，還是要就地成為心理諮商中心？噗！

再說畢竟我都要四十歲了 XDDD，何必那麼在乎別人的眼光？反正不喜歡我的人就是不喜歡我，多說無益（就算我得了諾貝爾和平獎，也會被覺得是作弊來的吧！哈！）我不應該因為被謾罵就改變自己的

風格和初衷，不應該受了點傷就封閉自己。換個角度想，這或許也是老天爺給我的機會，讓我學會區分界線，不要太容易對人掏心掏肺。

　　現在遇到總比未來遇到好，至少我還有辦法檢討自己，有能力去解決、去成長、去調整自己的步伐，尬的！我真的好會轉念！噗！

工作時候認真，玩樂時候瘋狂，這是我，也是我想要的喜舖風格。（但也摔太慘了吧！）

6. 找回哈哈哈人生，
走自己的路，一本初衷

　　我從小就是個人前歡樂人後垂淚的人，白天開開心心的跟同學談笑、是大家眼中的耍寶開心果，一回家裡卻又因為家裡氣氛沉重而覺得悲觀自卑和恐懼，可能就是因為從小這樣的訓練（咦），讓我一直很會一秒轉念，可以迅速把所有不愉快拋在腦後、迅速轉換心情，很容易往好處想。

　　再加上又是一個報喜不報憂的射手座，不管是網誌貼文或在真實生活都很常在「哈哈哈哈……」當然並不是說沒有煩惱或順風順水，只是覺得事情已經發生，那就面對它、解決它、放下它，反正哭也是一天、笑也是一天，日子已經夠苦，當然要選擇笑笑過一天。

　　我很不喜歡寫那些負面或發洩的話在公開網路上，即便是非公開也一樣，總覺得當下的抒發取暖可能很爽快，但寫下之後反而讓怨念持續存在那邊，而且萬一自己的負面情緒都過了，但旁人還以為你依然深陷其中，想想也頗尷尬。雖然每次事情發生的當下瞬間，都會覺得

「天啊！糟了！完蛋了！」但洗個澡、睡個覺、吃個好東西就過了，很會轉念讓我的壞情緒通常不會卡太久。

　　但創業至今發生了好多事，好多從沒想過會發生的事。前陣子看某個卡通電影突然大笑出聲才發現自己已經好久都沒有哈哈大笑了，好惆悵（遠目），完全沒想過，有一天會因為創業而陷入這種窘境。

　　雖然我平常很愛哈哈哈，但真的遇到大事，尤其是嚴重的事，當下反而會非常冷靜，不會有過度劇烈的反應。像那次虎虎發燒突然熱痙攣超可怕，但我還是很冷靜的邊抱著他邊翻書查找資料。還有一次他手脫臼，我也是很冷靜的上網找資料，然後邊看 YouTube 邊幫他把手轉回去！（尬的）（這跟挫折有關嗎？噗）（我只是想表達當下我會很冷靜）（而且很會估狗 XDDD）

　　所以每當遇到挫折、被誤會、被罵，都會先習慣性的把悲傷留給自己，不會大聲喧嘩找人取暖，一直沒辦法跟人家說我究竟有多辛苦，累積久了，真的會覺得好緊繃、壓力好大。（畢竟一直轉念也是會累的好嗎，一直轉一直轉，到底是要轉去哪啦！）

低潮的那陣子，我不太敢接觸人群，連在公司講話也會怕，不知道我現在講的這句話會不會轉頭又被人家拿去做文章，或是現在臉上這個沒有笑容的表情是不是又會讓人家覺得很機車。感覺很不自由、很不能做自己。我不能隨意發脾氣，就算是對 Wii 也不能任意耍脾氣（怕萬一真的吵架還要自己收拾，好麻煩 XDDD）總之就是覺得怎麼這麼辛苦，本來只是做著自己喜歡的事，結果變成開一個公司開到連自己都沒有了……

後來芽傳了這張 7 歲半的乾仔豆比寫的紙條給我，跟我說：「妳原本的樣子就是我們愛上妳的樣子，妳的喜怒哀樂、妳的任性、妳的一切，都是我們愛的，所以不用害怕做自己，也不用要求世界上的每一個人都喜歡妳，因為妳也不需要愛世界上的每一個人，他們開不開心跟妳一點關係也沒有，也無須在乎，放心做妳自己就好了！」

嗚！瞬間大飆淚欸我！！

我：幹嘛醬一秒弄哭我！

芽：對得起自己的心，比對得起別人來得重要多了啊！

我：只好去刺青把這句刺在手上了！（啊但那個錯字……噗）

關關難過關關過，再怎麼難過的關卡，只要知道有人在身邊陪著自己一起，除了格外感恩和珍惜之外，也能更有勇氣繼續向前行。

回想喜舖從手工蠟燭開始，雖然沒想那麼清楚，但一路走來就是很認真的在經營，希望不只是單純的買賣、不做短線、想做些跟別人不一樣的，把只有我們才有的好產品和貼心服務讓更多人知道。

喜舖這個品牌隨著我自己的人生歷程在前進，因為當了媽媽而開始的媽媽包。因為孩子長大要上小學，於是有了專門為學齡兒童打造的 CiPUKids 超輕量護脊書包。後續當然還會持續開發讓媽媽的育兒生涯更輕鬆快樂的產品，商品的內容一直在變，不變的是那份想跟舖友分享的心意。

一直以來就是個往前走不回頭的人，就算走錯路也會繼續往前找別的路走。當然在做決定之前也會猶豫，可是只要決定了，就會持續努

力的往前大步走！

　　我愛臺灣，我覺得臺灣是世界上最棒的國家，但不能只待在島上會讓眼光變得短淺狹隘。我覺得走出去看看，累積的東西會比念再多書或賺再多錢更有價值。（所以我從學生時期就自己打工賺錢，再趁寒暑假出國把錢花光，工作後也是刷卡付旅費再分期付款慢慢還，一還完就又再刷卡出去。）（顯示為月光族 XDDD）

　　所以有機會做出自己的品牌，又好不容易在臺灣有了一點成績後，當然也一定要能走出臺灣啊！

　　平常在臺灣的低調讓我們一開始在海外好吃虧。頭兩年，每次出國站展都被洗臉，回臺灣打電話給好朋友、聽到第一句話都好想哭（是有被人欺負嗎？噗！）一直到連續展了五年（打臉也被打得很有經驗了），現在至少站出去的時候可以大聲說，我們是臺灣市占第一名的媽媽包品牌，是挑戰全世界最輕的媽媽包（笑）。

　　總之一定要努力的在海外闖出一片天，不管再怎麼辛苦，以後的我都會感謝當初那個有勇氣、願意嘗試的自己。

很慶幸人生每個階段的自己都有好好過著想過的日子、做著想做的事、盡力讓自己和所愛的人覺得快樂。

　　現在這個階段，除了因為要兼顧家庭與事業，所以主題曲是〈時間快轉〉XDD 之外，給自己的目標是要自在要勇敢，畢竟人生已經走到一半（假裝我會活到八十歲 XDD）至少已經學到人在追求自己真心想要的時候比較快樂，要忠於自己的想法，勇敢無懼的做出不愧對自己的決定（這題根本很難），然後還要很自在，就像超難得跟好朋友們去唱歌，結果一群老人點一堆老歌，想上網就上網，想唱歌就唱歌，想吃東西就吃東西，整個超自在！哈！（這什麼比喻？！哈！）

　　反正現在已經到了知道什麼事情會讓自己開心、什麼人適合自己、什麼事情對自己來說是最重要的時候。「Drink what makes you happy, with friends who make you laugh!」走得快樂才能走得長遠，而人生沒有什麼比讓自己快樂更重要的事，我會一本初衷的繼續我的噗哈哈人生，身體力行的實踐 Happy Mom, Happy Life，有快樂的媽媽，才有快樂的家，才有快樂的世界。（fignting!!）

番外篇
根本全能改造王嘛我！

CiPU 的第一個家：迷你喜舖

喜舖第一個請的員工是我表妹，當時為了要給表妹一個可以正常上下班的地方，所以租了一間十坪左右的工作室，但其實我好緊張喔！因為這代表我以後每個月都會有固定開銷，也開始有了要照顧的責任。

一開始只打算放三個位子，我一個、表妹一個，另一個空著的是讓虎虎或 Wii 下班過來的時候可以坐。

結果沒多久就不夠坐，想像中美美的開放式辦公室也一下子亂到爆炸，只好還是換成比較適合辦公的 OA 系統家具，並且從 4 個位子增加到 6 個位子和 1 個半圓討論桌，但一樣亂到爆炸（所以根本不是開不開放的問題啊！哈！）

迷你喜舖的空間除了陽春，而且地板又花、流理臺也舊、窗簾又醜，怎麼看都很不舒適。雖然沒有多餘的預算，但每天都要待的地方，可以陽春但一定要順眼，空間舒服才會愉快。

　　於是決定自己來，改造的第一件事就是自己 DIY 鋪塑膠木地板！不過我之前根本就沒鋪過，鋪到一半才發現我們忘記要交錯鋪，整個對齊鋪得太整齊！哈！

　　天天要看的流理臺也覺得很礙眼……貼上輸出的大圓點好多了。

牆壁也一定要是我們的喜舖粉！喜舖綠！喜舖藍！（哈哈哈哪來這麼多喜舖色啦！）

只是一間超迷你的工作室，也完全不放過任何可以貼上 Logo 的機會。（笑）

明明在四樓還有陽臺遮住，卻硬是要貼張隔熱紙，希望路過的人都可以看到我們的 Logo。（其實是不想上班被晒黑 XDD）

總是抱持著就算不是自己的房子也要住得很舒服的想法，空間絕對會影響心情，心情絕對會影響效率，而有快樂的環境才有快樂的產出，這就跟有快樂的媽媽才有快樂的家庭道理一樣！

從迷你喜鋪到小喜鋪

但計畫趕不上變化，簽了兩年租約的迷你喜鋪還不到兩年就已經擠到爆炸，每天都好擁擠，放不下也坐不下，不得不另覓新空間。

這次我找新工作室除了想要大一點之外，也想離家近一點。

我們家住南港、小孩念書也在南港，如果公司也在南港，就可以徹徹底底的南港生活圈，把車程的時間都省下來。

就這麼剛好，在回家的路上，我遇到一棟在市民大道路邊的老房子，一整棟三層樓。

租金不貴但屋況超老舊，要進駐的話一定得花大把預算整修。考慮了兩天覺得一整棟在路邊的工作室應該會很可愛，而且離我們家近又靠近捷

運站，這樣大家來上班也很方便，未來如果要做街邊店好像也很可以，所以毅然決然的，租了！哈！

但房子真的超～級～老，我至今都還記得，當初看完房子決定要租於是帶大家去看房子的時候，同事都嚇到覺得「媽啊！什麼鬼屋啊？！」的那個表情！

到底有多舊？！

超級舊！！！哈！

但往好處想，人生有幾次機會可以讓你這樣大刀闊斧的敲啊打的，把一間老房子改造成一間夢想的工作室？也許就這次了，怎麼樣也要好好把握。

　　首先，我們敲掉了一些牆壁讓空間更有穿透性。接著把一些空間重新隔間，讓一樓變成像咖啡廳的會客室，招待廠商朋友們。

　　二樓是大部分喜舖人的辦公室。三樓則是一部分喜舖人，以及我跟 Wii 的辦公室，後來還擴充到陽臺，作為我們的大會議室。

一樓：把門打大、改了廁所、改了廚房、整理樓梯、加了吧檯。

二樓：把原本的隔間拆開、整理了樓梯邊的畸零空間、封了廁所當影印間。三樓：原本是挑高的加蓋，後來改成我們的辦公室。

　　覺得老屋更新最偷吃步的捷徑就是顏色！一變白就覺得新又變乾淨！哈！

整棟超白但內在超彩色。
顏色當然還是要喜舖色！喜
舖黃、喜舖粉、喜舖綠。（又
來 XD）

怕牆壁的顏色太複雜，師傅會眼花，先放樣畫在牆上給師傅看 XDDD

Btw，監工的時候我都是揹著虎虎跟我一起去的（哎喲！當年怎麼那麼瘦 XD）去了幾次覺得虎這樣也太可憐，這麼小的小孩到工地，空氣也不好，一直坐著也不舒服，所以開始考慮送虎虎去上幼稚園。

好！不！容！易！！！搭啦～從鬼屋變好屋！

一樓裝修前與裝修後：

二樓裝修前與裝修後：

三樓裝修前與裝修後：

根本全能改造王嘛我！哈！

從小喜舖到大喜舖

呃……沒錯，又是個計畫趕不上變化 again ！噗！短短兩年，小喜舖又爆炸了！二十幾個人擠在一棟三層樓的透天老房子裡，最大的問題不是位子不夠、倉庫爆炸、大家擠成一團，也不是大家坐在不同樓層討論起來不太方便，更不是連開會都得移到鐵皮屋頂的半室外，冬冷夏暖一下雨就聽不到彼此的聲音，而是整棟只有一間半的廁所，太多人輪流用而不堪負荷，動不動就塞住好麻煩啊啊啊啊！（抱頭）

於是下定決心要搬去一個有更多間廁所、可以讓大家都在同一層樓、歡樂不中斷的新辦公室繼續打拚！（這願望也太小！噗！）（因為這時還不敢想，我要在辦公室裝一個溜滑梯 XDD）

　　然後好不容易遇到我們現在的大喜舖，雖然是整間空蕩蕩的半毛胚屋，但竟然已經有現成的男女分開總共五間的廁所（這是重點嗎？！）而且超大，感覺未來要增加到五十個人都坐得下（喔沒有，我們還沒有要請這麼多人。）重點是挑高的空間，可以有溜滑梯了喔耶耶耶耶耶（這是重點嗎？）

反正我個人的興趣的就是設計啊哈哈哈！

　　當時為了想要讓大家在過完年後就可以在新家上班，還走一個打帶跑的戰術，分批施工，先完成辦公區和大會議區，其他區域分階段在半年內陸續完成。（也好讓 Wii 有時間分批籌措裝潢費 XDDD）

　　大喜舖以大門口為中心，左區規畫為員工辦公區，右區則是中會議室、茶水間、倉庫跟男女廁。正中間最大最明亮的空間保留給公共空間使用，是一個客人用好，我們用更好的接待大廳區暨交誼區。

為節省成本，OA 辦公桌椅是從迷你喜舖搬去小喜舖，再搬來大喜舖繼續用！哈！呦呼！我們總算可以全部在同一個平面了！！！

在辦公區的牆面顏色上，一樣延續了小喜舖的用色，但是變成放大版（好不容易有大面牆可以揮灑了噗！）大門入口區選用了喜舖代表色粉桃紅，辦公區則用了明亮，讓人有好精神與好心情的黃色，樓梯間則使用了原本小喜舖用在兒童遊戲區的藍色。小喜舖原先展示包包用的灰黑板漆牆，延伸成為區隔辦公區和休憩區的大牆面。

喜舖家的客廳一定要有一座大吧檯（其實本來還想要放一張沙發，像《六人行》那種 XD）所以從小喜舖到大喜舖，吧檯就一直是大家每天早上的第一杯咖啡、中場需要暫時放鬆抽離，或是需要來杯提神下午茶的工作止步暫停區。

施工中的吧檯

為了找到心目中的理想吧檯（並節省成本 XDD），我們跑遍整個桃園以北的超多家建材行，挑原木、挑磁磚，目標是一定要選到最適合喜舖（且 CP 值最高）的材料。

Btw，好不容易終於要上實木吧檯的時候卻發生一個慘劇。因為當初為了想讓整座吧檯一氣呵成，所以裁切處能少就少，只用三片超長木板組成，所以每片木板都很長，長到進不了電梯（噗），師傅只好人工搬運長達 300cm 的木板，從一樓走到十一樓（昏）。

更別說路途上還怕轉角沒轉好撞到，一片木板要五個人一起顧頭顧尾的小心搬。一路上邊調邊搬，搬了大半天才終於把三片木板都成功搬進辦公室，瞬間大家都歡呼了 XDDDD（師傅顯示為笑中帶淚！）

當時在爆表的預算下，連可以買幾張椅子都被嚴格控管，爭取了好久才終於能買的，搭啦～～～原木吧檯配白瓷磚搭小白椅，這就是最適合大喜舖的北歐風大吧檯！！

還有一個也是夢想很久的元素。（Wii 表示：請不要一直想東想西的好嗎？）畢竟每次去到有整片植栽牆的空間都覺得很棒很嚮往，好不容易有了這麼大的空間，當然也一定要來一下。耶！我們也能有整片綠意的植栽牆了！！！

最後一項比較特別的，就是這面很有環保概念的馬賽克 Logo 牆！很剛好，那時候正好跟同學聊天，聊到他們有在做這種用水庫淤泥當作材料的環保綠建材，覺得很酷，就決定要來打造一面專屬於喜舖的環保形象牆。

我們用超過 2000 多個 10x10 的方塊，以白、灰、粉色為主，深淺加起來共 15 種顏色，以馬賽克拼貼的方式拼出我們的蝴蝶結 Logo 和招牌粉點圖樣！

先在電腦上模擬排版，從字體到圖騰、從迷彩到粉點，光這個步驟就調整了不下十次！然後和蓋亞團隊來回確認想使用的色調，最後確認燒製完成的馬賽克磚實品。

搭啦～完成！！！是個近看完全不知道是什麼，一定要站遠或是拍照的時候才能發現的超低調 Logo 牆哈哈哈哈！

最後還有（啊剛才不是也說了最後嗎 XDD）夢想中（又夢想中 XDDD）跟 Google 創辦人辦公室一樣的溜滑梯哇哈哈哈哈哈！！！

總覺得日子每天每天一樣過，希望自己不管壓力再大、工作再忙、持家再難，都要能保持一顆活得像孩子的心，想大笑就大笑的做自己（這是我自己的目標）。於是，沒錯！喜舖也要有一座自己的大溜滑梯，而且顏色還是要很浮誇的喜舖桃哇哈哈哈哈哈！

經過反覆的測量、規畫、放樣，以一個最節省空間又真的可以順暢溜下來的大溜滑梯為目標，因為尺寸太大，前期先在鐵工廠裡打造出雛形，再運到喜舖焊接和後續的收尾。

搭啦～～～大桃紅溜滑梯哇哈哈哈哈哈哈！（是有點瘋但人生嘛！）

　　這一路，從我們家客廳到迷你喜舖、小喜舖，再到現在的大喜舖，從無到有、從一個人到十幾二十個人。每一個時期、每一個親手打造的空間對我來說都有著很不同的意義，都裝載著無數的歡樂大笑和一起打拼的血淚回憶（汗）。雖然不能說是築夢踏實（畢竟都在室內硬生出一座大溜滑梯了噗！）但希望接下來的十年都不要再搬家了！噗哈哈哈哈！

我想說聲謝謝！

啊對！趁這個機會，我想說聲謝謝！

謝謝出版社的團隊，謝謝前前後後有參與過這本書的你們辛苦催生這本書，沒有你們我一定沒辦法做到。

謝謝我的格友、舖友、粉紅友，謝謝你們一路以來的不離不棄，在我緊張的時候為我加油打氣、開心的時候跟我一起歡呼、低潮的時候陪我一起走過，雖然我不一定認識你，但我真心謝謝你。

謝謝我的老梗姊妹好朋友們，人家友直友諒友多聞，我的人生就是因為一直有你們陪伴才能過得這麼精采有趣，友笑友淚友回憶，每次想到都會不自覺的嘴角揚起，覺得一起走過的那些日子千金不換。時間會證明一切，要跟心愛的你們一起哈哈笑到老。

感謝我最親愛的家人，謝謝 Wii 爸 Wii 媽，有明事理好相處的公婆是我的福氣，而娘家的婆婆媽媽弟弟阿姨和姊妹絕對是我永遠的後盾。

謝謝一起打拚的夥伴，謝謝你們的信任，能夠一起的每一天都很珍惜也感恩，也謝謝曾經的夥伴，不論時間長短、不管現在各自在哪努力，謝謝你曾經的付出。

　　謝謝威廉，很幸運我的身邊是你，沒有你也沒有現在的我，謝謝你總是支持我，讓我能選擇做我喜歡的事。

　　謝謝我的一對兒女，你們不會知道你們的出現和存在對我來說有多重大的意義，因為在愛你們的同時，我也更明瞭體會了當年爸媽對我的愛，愛你們也讓我感覺被愛的每一天都很幸福。

　　最後我想要謝謝我自己，謝謝那個不管跌得多痛都還是咬著牙不放棄、用力站起來繼續往前走的自己，謝謝那個不管遇到什麼威脅利誘都還是願意選擇良善的自己，謝謝那個不管多大的打擊都還是眼淚擦擦用大笑過生活的自己，妳很棒，我愛妳。

　　The end。

國家圖書館出版品預行編目資料

可以跌倒但不能被打倒：粉紅人妻CPU的噗哈哈人生／CPU（周品妤）著.
-- 初版. -- 臺北市：圓神，2018.01
208 面 ；14.8x20.8公分. --（圓神文叢；228）
ISBN 978-986-133-642-8（平裝）

1.職場成功法 2.女性 3.自我實現

494.35   106021657

Eurasian Publishing Group
圓神出版事業機構
用心 與你對話．視野無限寬廣

圓神出版社
Eurasian Press

www.booklife.com.tw   reader@mail.eurasian.com.tw

圓神文叢 228

可以跌倒但不能被打倒：粉紅人妻CPU的噗哈哈人生

作　　者／CPU（周品妤）
發 行 人／簡志忠
出 版 者／圓神出版社有限公司
地　　址／台北市南京東路四段50號6樓之1
電　　話／（02）2579-6600．2579-8800．2570-3939
傳　　真／（02）2579-0338．2577-3220．2570-3636
總 編 輯／陳秋月
主　　編／吳靜怡
專案企畫／沈蕙婷
責任編輯／吳靜怡
校　　對／吳靜怡．林振宏
美術編輯／李家宜
行銷企畫／詹怡慧
印務統籌／劉鳳剛．高榮祥
監　　印／高榮祥
排　　版／陳采淇
經 銷 商／叩應股份有限公司
郵撥帳號／18707239
法律顧問／圓神出版事業機構法律顧問　蕭雄淋律師
印　　刷／國碩印前科技股份有限公司

2018年1月　初版

定價 320 元　　　　ISBN 978-986-133-642-8　　　　版權所有‧翻印必究
◎本書如有缺頁、破損、裝訂錯誤，請寄回本公司調換　　　Printed in Taiwan